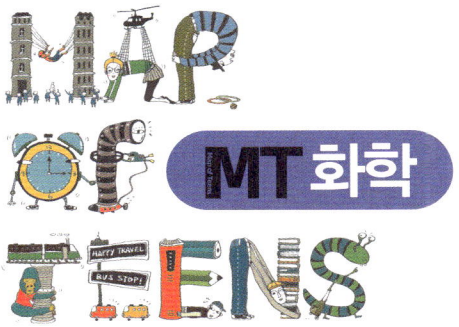

MT 화학

MT 화학

Map of Teens

인하대학교 이익모 교수 지음

청어람 장서가

시리즈를 발간하며

대학입시에 대한 관심이 우리나라처럼 높은 곳도 없을 것이다. 하지만 대학에 대한 많은 관심에도 불구하고, 막상 대학에 가서 무엇을 배우는지에 대해서는 학생과 학부모 모두 구체적으로 모르고 있는 것 같다. 이는 대학교육의 실질적 내용보다는 대학졸업장 취득여부에만 큰 관심을 기울이는 세태의 반영일 수도 있지만, '대학 가는 것'을 인생의 중요한 목표로 삼고 있는 중·고등학생들에게 대학의 교육내용을 쉽고 친절하게 설명해주는 자료가 없었기 때문일 것이다.

〈나의 미래 공부〉시리즈 Map of Teens는 중·고등학생들의 후회 없는 선택과 성공적인 공부를 위해 기획되었다. 자신의 삶을 크게 테두리 지을 대학의 각 분야별 공부가 구체적으로 어떤 것인지 스스로 읽고 판단하는 데 도움이 될 것이다. 이것이 내가 정말로 하고 싶은 것인지, 잘 할 수 있을 것인지를 스스로 또는 부모님, 선생님과 함께 고민하고 결정할 수 있게 만들어 줄 것이다. 아직 자신의 적성을 모른다면, 이 시리즈에 포함된 다양한 공부의 길들을 비교해보면서 역으로 자신의 흥미와 열정을 발견할 수도 있을 것이다.

대학의 다양한 학문들이 무엇을 배우고 연구하는지를 아는 것은 단지 '나의 선택'만을 위해 중요한 것은 아니다. 사회의 다른 구성원들이 무엇을 공부하는지 아는 것도 매우 중요한 일이다. 사회의 범위가 지구촌으로 확대되고 있는 지금, 나의 이웃들이 무엇에 관심을 가지고 공부하고 있는가를 아는 것은 우리 모두의 공동 번영을 위해 필수적일 수밖에 없다. 이런 경향을 반영하듯 각 학문들은 서로의 분야를 넘나들며 융합되고 있고, 대학에서 한 가지 전공만을 공부한다는 것은 이제 지난날의 일이 되었다. 사회에서 요구하는 인재상도 멀티플전공으로 바뀌고 있다. 우리가 자신만의 전문성을 가지되 다양하고 폭넓은 공부를 해야 되는 이유가 여기에 있다.

〈나의 미래 공부〉시리즈 Map of Teens는 이러한 시대적 요청에 충실하면서도, 수많은 학문들의 내용을 자세히 들여다 볼 시간이 없는 독자들을 위해 각 분야의 핵심을 한눈에 알아볼 수 있도록 요약하려고 노력하였다. 여기에는 각 해당 분야 전공자들의 많은 노력이 숨어 있다. 오랜 시간 축적돼온 각 학문의 내용들과 새롭게 추가되는 연구 성과들을 가능하면 우리 실생활과 연관시켜 쉽고 재미있게 설명하기 위해 고심한 필자들의 노고에 감사드린다. 이 시리즈가 중·고등학생들이 미래를 찾아가는 학문 여행에 꼭 필요한 지도가 되길 바라며, '나만의 미래 공부'를 찾아 여행을 떠나보자.

2012년 8월
시리즈 기획위

국문학 | 영문학 | 중문학 | 일문학
문헌정보학 | 문화학 | 종교학 | 철학
역사학 | 문예창작학

Map of Teens

여행을 떠나기 전 학과 지도를 펼쳐보자

세상은 넓고 학과는 많다.
학과에 대한 호기심과 나에 대해 알아보려는 의지만 있으면 여행 준비 끝!
자, 이제부터 나의 미래를 찾기 위해 힘차게 떠나보자!
놀라운 학과 세계와 지적 모험이 여러분을 기다리고 있을 것이다.

심리학 | 언론홍보학 | 정치외교학 | 사회학 | 행정학 | 사회복지학 | 부동산학 |
경영학 | 경제학 | 관광학 | 무역학 | 법학 | 행정학

예체능계열

영화학 | 음악학 | 디자인학 | 사진학 |
무용학 | 조형학 | 공예학 | 체육학

교육계열

교육학 | 교육공학 | 유아교육학 | 특수교
육학   초등교육학 | 언어교육학 | 사회교육
학 | 공학교육학 | 예체능교육학

공학계열

생명공학 | 기계공학 | 전기
공학 | 컴퓨터공학 | 신소재
공학 | 항공우주공학 | 건축
학 | 조경학 | 토목공학 | 제
어계측학 | 자동차학 | 안경
광학 | 에너지공학 | 환경공
학 | 화학공학

의약계열

의학 | 한의학 | 약학 | 수의학 | 치의학 | 간
호학 | 보건혁 | 재활학

물리학 | 화탁 | 천문학 | 수학 | 통계학 | 식품
영양학 | 의루학 | 지디학 | 생명과학 | 환경과
학 | 원예학

자연계열

우리 주변 물질에 대한 호기심,
그것이 화학의 첫걸음이다

우리의 주위에는 수많은 천연 및 인공 물질들로 가득 차있다. 무심코 사용하는 물질들을 조금만 관찰하면 왜 이런 물질들이 이러한 특성을 가지고 있는지 의문이 생기게 된다. 또 우리 주변의 물질들이 보다 특별한 성질과 기능을 가졌으면 좋겠다고 생각하기도 한다.

과학은 흔히 창조력이 필요하다고 하며 창조력이 있는 학생들은 특별한 능력을 가진, 천재들만이 가지는 것으로 오해하기도 한다. 하지만 주변의 물질의 성질을 체계적으로 설명하고 보다 향상된 성질을 가진 새로운 물질을 만드는 기능적 손을 얻을 수 있는 방법은 멀리 있지 않다. 화학을 체계적으로 공부하게 되면 이러한 기능을 갖추게 될 뿐만 아니라 인류의 복지와 환경의 보존에 크게 기여할 기회를 만나게 될 것이다.

미국 유학시절에 화학을 전공한다고 했더니 상점에서 만났던 미국 사람이 "어려운 것을 전공한다"고 했던 말이 기억난다. 하지만 화학은 절대 어려운 것이 아니다. 평범한 저자를 비롯해 많은 선배 화학자들이 경험한 것이고, 앞으로 이 분야에 진입할 후배들이 경험하게 될 것이 확실한 사실이다.

화학은 우리가 살아가는 현대 문명의 원천으로서 건강과 복지, 환경, 에너지 등 미래의 유망 산업의 동력원으로 주목받고 있는 유망한 첨단 분야이고, 현대 문명의 문제점을 근본적으로 해결하는 해결사 역할을 할 분야이다. 또한 새로운 물질을 창조하는 능력을 부여하고 가발하는 분야는 화학이 독보적이다.

이러한 화학의 면목을 소개하기 위해 최선을 다했지만 간약 이 책을 읽고도 이러한 점이 생생하게 들어오지 않는다면 이것은 순전히 저자의 노력과 글재주가 부족한 탓이라고 생각한다. 미래의 희망찬 꿈을 위해 오늘도 열심히 공부하고 있는 중고등학생들에게 저자의 전공을 소개하는 기회를 갖는다는 것은 매우 큰 기쁨이다. 물론 책임감과 두려움도 크다. 부디 이책이 여러 학생들에게 화학이 미래기술의 원천이 될 수 있음을 알려주는 계기가 되었으면 한다.

마지막으로 좋은 기획과 최선의 도움으로 좋은 기회를 주신 청어람 관계자 여러분과 자료를 수집하는데 도움을 주신 2007년도 대한화학회 차진순 회장님과 운영진 여러분, 인하대학교 화학과 및 고분자공학과 선후배 및 동료 교수들, 인하대학교 화학과 89학번 이찬우 씨를 비롯한 모든 분들께 감사의 말씀을 드리고 싶다.

2012년 8월
저자 이익모

CONTENTS

교수님과 함께 떠나는
화학 마을 여행

명탐정 셜록 홈즈가 사건을 해결하면서 남긴 수많은 명언 속에는 어디에든 적용 가능한 진리가 담겨있다. 그의 말을 인용하여 화학을 포함한 과학의 특성을 표현해 보았다. 그래, 기초과학은 이런 것이다.

"자네는 사물을 보기만 하고 관찰은 하지 않는군. 본다는 것과 관찰한다는 것은 크게 다른 거야." 〈보헤미아의 스캔들〉 중에서
➡ 기초과학은 관찰로부터 시작한다.

"실패는 누구나 하는 것이지. 실패를 깨닫고 바로잡는 사람이야말로 정말 위대해." 〈레이디 프랜시스 카팍스의 실종〉 중에서
➡ 기초과학은 수많은 실패를 딛고 일어선 인간승리의 집약이다.

교수님과 함께 떠나는
화학 마을 여행

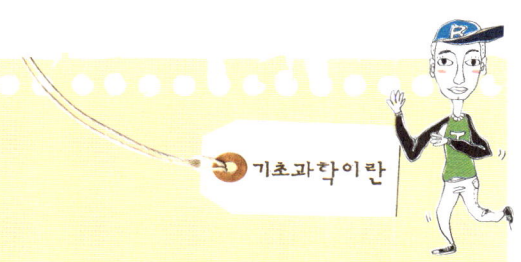
"단서가 없는데도 불구하고 이렇다 저렇다 하며 이론적인 설경을 하는 것은 잘못이야." 〈보헤미아의 스캔들〉 중에서

"사건 조사에 필요한 것은 사실뿐이지. 전설이나 소문은 아무 도움이 되지 않아." 〈바스커빌가의 개〉 중에서
➡ 기초과학은 철저히 사실에 기초한다.

"지금 알고 있는 것들이 무엇인지 일단 정리해 보자. 그러면 자료를 충분히 이용할 수 있게 되고, 본질적인 것과 부수적인 것의 구별도 명확해지지."
〈프라이어리 스쿨〉 중에서
➡ 자연은 숨기지 않는다. 다만 인간이 발견하지 못할 뿐이다.

"다른 모든 가능성이 없어지면 아무리 아닌 것 같아도 남은 게 진실이야."
〈녹주석 보관〉 중에서
➡ 다양한 이론들의 적자생존

"일관된 추리의 실마리에 모순되는 사실이 나타났을 때에는 반드시 그로 인해 바뀌는 해석이 있지." 〈주홍색 연구〉 중에서
➡ 세상의 지배적인 이론이라도 해석되지 않는 사실이 누적되면 반드시 바뀌게
   된다. 이론은 진화한다.

화학 마을로 가기 위한 다섯 가지 미션

"화학을 어떻게 하면 잘 할 수 있어요?" 중·고등학교에 강의를 나가게 되면 학생들이 이런 질문을 한다. 솔직히 내가 그 방법을 알면 벌써 노벨상을 수상하고도 남았겠다. 하지만 학생들에게 그대로 이야기할 수는 없지 않겠는가. 그들의 질문에 시원한 답을 주기 위해 생각해보았다. 다음의 내용들이 그것이다. 정리해 놓고 보니 화학뿐만 아니라 모든 과목에서 1등 하는 비법이 될 수 있을 듯싶다.

첫 번째 미션 : 화학을 좋아하자

애플컴퓨터 사장인 스티브 잡스는 2005년 미국 스탠포드 대학교 졸업식에서 인생에서 성공하기 위해서는 "You've got to find what you love"라고 조언하였다. 누구나 좋아하는 것을 할 때는 피곤함도 잊고 열중하게 되는 법. 따라서 화학을 포함하여 학교 성적을 올리는 첫 단

교수님과 함께 떠나는
화학 마을 여행

계는 각 과목을 좋아하는 것이다.

화학을 비롯한 모든 과학은 우리가 살고 있는 자연의 원리를 탐구한다. 변화무쌍한 자연현상들을 들여다볼수록 신기하고, 왜 이런 모습이 나타나는지 궁금하다면 여러분은 화학을 잘 할 수 있는 자질이 충분히 있다고 자부하여도 좋다. 의문을 해소하는 자연적인 과정이 바로 화학을 잘 할 수 있는 왕도이기 때문이다.

다만 한 가지 잊지 말아야 할 사실이 있다. 화학(과학)은 끊임없는 도전의 영역이다. 원리 하나를 합리적으로 이해하였을 때 무한한 기쁨을 얻을 수 있다. 그러나 모든 인생사가 그러하듯이 성공의 확률보다는 실패의 확률이 더 크다. 따라서 화학(과학)을 공부하는 사람은 실패를 담담히 받아들일 수도 있어야 한다. 역사상 아무리 위대한 화학자(과학자)도 실패 없이 성공을 거둔 적은 없다. 오히려 실패를 거울삼아 새로운 길을 찾아내고 새롭게 도전함으로써 위대한 화학자의 반열에 설 수 있었음을 잊지 말자.

두 번째 미션 : 선입견을 버려라

선입견이란 어떠한 현상에 대하여 자세한 조사나 확인 없이 처음에 떠오른 생각을 고집하는 것이다. 이건 내 생각이지만 인간은 본질적으로 게으르기 때문에 입증의 절차를 밟는 것을 싫어하고 신속하게 결론 내리기를 좋아한다. 여러분도 선입견을 갖고 있을까? 다음의 간단한 문제를 통해 한번 테스트를 해보자.

지구의 둘레는 대략 4,000km 정도이다. 이때 지구를 감을 수 있는 줄의 길이를 10m 늘렸을 때 지구 표면과 줄이 만드는 원 사이에 공간이 생긴다. 이 공간은 어느 정도일까?

① 10m 높이의 사다리차 ② 사람 1명 ③ 개미 한 마리 ④ 아메바 한 마리

4,000km와 10m의 큰 차이에 압도되어 선입견을 가지게 되면 정답은 4번 쪽으로 치우치게 될 것이다. 그리고 난센스 퀴즈에 익숙한 학생이라면 1번이라고 할 수도 있다. 그러나 간단한 수학 공식을 적용하면 정답이 2번임을 확인할 수 있다. 수학시간에 배운 원의 둘레를 구하는 식은 이 문제의 정답을 얻어내는 데 활용된다.

자, 또 다른 질문을 해보겠다. 얼음에 불이 붙었다. 과연 가능한 일일까? 얼음은 물이 언 것이고, 물은 불과 상극이라는 상식만 갖고 있다면 단번에 불가능하다고 대답할 것이다. 그러나 얼음이 메탄 하이드레이트(methane hydrate)라는 물질이고, 고압과 낮은 온도(보통 심해)의 땅 밑에서 새어나온 메탄이 바닷물과 만나는 순간에 만들어짐을 알게 되면 불이 붙을 수 있음을 이해할 수 있게 된다.

마지막으로 다음 그림을 보자. 생텍쥐페리의 유명한 소설 〈어린왕자〉에 나오는 그림이다.

교수님과 함께 떠나는
화학 마을 여행

저자는 어렸을 적 이 그림을 그리고 어른들에게 이것이 무엇인지를
물어보았다. 그리고 어른들은 너나 할 것 없이 '모자'라고 대답했다.
〈어린왕자〉를 읽은 사람들은 이 답이 틀렸음을 이미 알고 있을 것이다.
소년은 어른에게 힌트를 주기 위해 다음의 그림을 그려 보여주었다.

이제 〈어린왕자〉를 읽어보지 않은 사람들도 답을 정확하게 알게 되었
을 것이다.

바둑을 잘 두는 법 중에 "정석을 배우고 나면 잊어버려야 한다"라는

말이 있다. 정석은 흑도 백도 손해 보지 않는 최선의 수순을 말한다. 그러나 어느 정도 바둑 실력이 늘게 되면 정석이라는 고정관념, 좁은 틀에 생각이 붙잡히게 되면 더 이상의 발전은 불가능하므로 잊어야 한다고 강조하는 것이다.

진리인 것처럼 배우는 과학의 이론도 과학의 역사를 보면 수많은 논증과 실험을 거쳐 그 형태가 변하여 오늘과 같이 되었음을 확인할 수 있다. 오늘의 이론은 지금까지 확인된 사실에 근거한 최선의 결과이지만, 새로운 사실이 발견되면 오늘의 진실이 내일에는 휴지조각이 될 수 있다. 이론은 죽은 유적이 아니라 진화하는 생물체임을 잊지 말자. 현 이론은 자연현상을 설명하는 현재의 버전이다. 컴퓨터의 소프트웨어가 끊임없이 '버전 업' 되는 것처럼 이론도 끊임없이 진화한다는 사실을 잊지 말기 바란다.

이제, 진리의 바다에 조그만 조약돌을 던지는 재미를 느껴보자. 그러나 던지기 전에 조약돌이 둥근지 울퉁불퉁한지를 객관적으로 확인하는 작업에도 흥미를 가져야 함을 잊지 말자.

세 번째 미션 : 상상의 날개를 펼쳐라

나는 숨은그림찾기를 좋아한다. 주어진 문제의 대부분은 조금만 주의하면 제시한 숨은 그림을 모두 찾을 수 있다. 지금 이 책을 읽는 여러분 중에도 어떠한 숨은 그림도 찾을 수 있다고 자신하는 숨은그림찾기의 달인이 있을 것이다. 자, 그렇다면 다음 그림에서 제시한 숨은 그

교수님과 함께 떠나는
화학 마을 여행

림을 찾아보자. 해답을 보기 전에 모두 찾을 수 있다면 노벨상 수상은
따놓은 거나 마찬가지다.

숨은그림 : 코끼리, 방울뱀, 고양이, 돼지, 우주선, 원숭이

숨은 그림 정답

여러분이 찾은 답과 해답 그림을 비교해 보자.

속았다고 느끼는 사람은 상상의 힘을 아직 가슴으로 느끼지 못하는 사람이다. 자연의 현상은 앞의 그림과 같이 제시된다. 그러나 자연현상의 원인 또는 자연현상을 설명하는 이론 중 그림과 같이 명백하게 나타나는 경우는 거의 없다. 이 그림처럼 뒷면을 볼 수 있는 사람에게만 자연 원리가 나타난다. 때문에 같은 현상을 평범한 사람이 볼 때는 왜 일어나는지 이해할 수 없지만 상상력이 풍부한 위대한 과학자의 눈에는 그 원리가 나타나게 되는 것이다.

네 번째 미션 : 생각의 차원을 바꿔라

여기 하나의 과제가 있다. 6개의 성냥개비로 4개의 정삼각형을 만들라는 것이다. 2차원적으로는 4개의 정삼각형을 만들기 위해서는 9개의 성냥개비가 필요하다. 위트가 있는 사람이라면 5개의 성냥개비를 이용하여 2개의 정삼각형을 만들고 남은 성냥개비 하나로 보는 이의 눈을 찌르면 시야가 흐릿하게 되어 두 겹으로 보여 삼각형 4개가 된다고 말할지도 모르겠다. 물론 이것은 답이 아니다. 자, 그렇다면 어떻게 해야 할까? 생각을 3차원으로 확장하면 쉽게 답을 찾을 수 있다. 성냥개비 6개로 정사면체를 쉽게 그려낼 수 있을 것이다.

고정된 시선은 삼라만상 뒤에 숨어있는 자연의 원리를 밝혀낼 수 없다. 생각의 차원을 바꾸어 보자.

다섯 번째 미션 : 치열하게 노력하자

여러분은 유명한 발레리나 강수진 씨의 발을 본 적이 있는가? 혹은 축구의 황제라 불리는 펠레의 발은? 아름다운 발레리나의 발은 얼굴과 분위기만큼이나 예쁠 거라 생각할 것이다. 하지만 그들의 발은 상처와 굳은살로 뒤덮여 보는 이의 마음을 짠하게 한다.

옛말에 감나무 밑에 누워있다고 저절로 감이 떨어지지 않는다고 했다. 남모르는 고통을 참으며 열심히 노력하였기에 지금 그들의 위치에 도달할 수 있는 것이다. 화학(과학)을 잘 하려면 그에 상응하는 노력을 해야 한다. 화학에서 요구하는 인재는 다음과 같이 요약할 수 있을 것이다.

> – 왕성한 호기심을 가지고 있고 치밀한 관찰 또는 분석을 할 수 있는 사람
> – 풍부한 상상력과 창조적 발상을 가진 사람(공상하는 사람이 아님)
> – 풍부한 경험과 실천력을 가진 사람
> – 끈기 있는 사람
> – 성실한 사람

이러한 품성을 모두 갖춘 사람은 찾기가 쉽지 않다. 이 중에서 꼭 한가지만 고르라면 성실한 사람을 고르겠다. 성실한 사람은 비록 치밀한 관찰력이나 창조성, 실천력 등이 없을 수도 있지만 대신 끈기와 인내는 가지고 있을 확률이 크며 그런 만큼 화학에서 성공할 확률이 크다고 단언할 수 있다. 스스로 성실하다고 자부하는 학생들이여! 화학을 인생의 진로로 선택하는 것에 주저하지 말기 바란다.

교수님과 함께 떠나는
화학 마을 여행

우리는 이미 화학 마을에 살고 있다?

화학은 그저 연구실이나 책 속에서 존재하는 학문이 아니다. 우리 주변을 둘러보면 그 이유를 쉽게 알 수 있다. 주위에 있는 현대 문명의 주요 물질들이 모두 화학의 산물이다.

우리 몸을 감싸고 있는 옷을 비롯하여 침대의 이불, 요 등을 만드는 직물로부터 전화기를 비롯한 모든 가전제품, 휴대전화, 노트북 등의 전자제품, 생활용기 등을 구성하는 플라스틱 제품, 안경테 등의 금속제품, 안경알과 유리창 등의 유리, 화분의 세라믹 제품 등 모든 물품이 화학의 영향 아래에서 제조된 물품들이다. 뿐만 아니라 현대 문명이 전적으로 의존하고 있는 전기 에너지, 석유화학 제품, 원자력 에너지 등도 화학의 범주에서 벗어날 수 없다.

웰빙 생활을 보장할 수 있는 모든 식용 물질과 의약품도 예외가 아니다. 미국 화학회가 "물질이 아닌 것을 제출하기만 하면 어마어마한 상금을 준다"고 자신 있게 공언할 수 있었던 이유도 여기에 있을 것이다.

이처럼 사회생활을 유지하는 데 필요한 물질을 합성하고 공급하는 것이 화학의 가장 중요한 역할이라 할 수 있다. 화학은 모든 생활용품, 식품, 위생용품, 의약품, 농약, 재료 등 다양한 인공 및 천연재료의 물품을 공급함으로써 편리하고 풍요로운 현대의 물질문명을 지탱하고 있다. 또한 각종 병으로부터 건강한 생활을 보장하기 위해 의약품을 공급하고 살충제와 비료를 공급함으로써 풍요로운 식품을 얻어 충분한 영양 섭취가 가능하게 한다. 다시 말해서 인간이 인간다운 생활을 하는 모든 수단을 제공하고 있다는 것이다.

뿐만 아니라 현대 문명의 어두운 면에 해당하는 환경 파괴 현상을 근본적으로 치유할 수단도 제공한다. 인류의 미래를 위협하는 에너지 위기, 오존층 파괴, 온실효과에 따른 해수면 상승, 산성비 등 공기와 수질 오염 등의 환경문제를 해결하는 데에도 화학의 도움이 반드시 있어야 한다. 이러한 문제를 해결하기 위해 태양에너지를 활용하고, 오존층을 파괴하는 원인물질을 확인하거나 대체물질을 합성하는 일, 온실 효과를 유발하는 물질의 제거방법을 개발하는 일, 대기 오염 물질을 줄이기 위해 자동차 및 산업 배기가스를 처리하는 촉매를 개발하는 일, 수질 오염을 줄이기 위해 수처리 기법을 개발하는 일 등이 활발하게 진행되고 있다.

현대 문명은 화학의 기초 위에서 성립되었음을 인식할 때 화학의 사회에 대한 역할과 영향은 더 이상 말할 필요가 없을 것이다.

역사의 해결사, 화학

현대사회는 화학제품에 크게 의존하고 있어 화학이 선진국의 기준으로 이용되기도 한다. 예를 들면, 황산의 사용량과 생산량, 폴리에틸렌의 생산량 등은 주요한 화학공업의 지표로 사용된다. 이러한 화학공업은 고대 다양한 물질의 수요에 부응하기 위한 금속, 유리, 염료 산업 등에 그 기원을 두고 있지만 현대적 형태를 가지게 된 것은 1760년경어 시작된 산업혁명이다. 이 과정 중 주요 산업으로 등장하는 섬유산업에서 사용되는 알칼리류, 산류, 표백제, 염료 등 여러 가지 화학물질에 대한 수요가 창출된 것이다. 특히, 알칼리류는 나무의 재에서 물로 추출하여 사용하였으므로 산림이 훼손되고 수요가 공급을 능가하는 상태가 되어 1775년 프랑스 정부는 알칼리류의 생산 공정을 현상모집하기도 하였다. 이 결과 현재에도 사용되는 르블랑 공정이 발명되기도 하였다. 그 후 암모니아-소다 공정을 위한 솔베이법, 황산제조를 위한 연실공정 및 접촉법 등이 발명되었고, 표백용 염소의 수요가 증가함에 따라 캐스트너-켈너 공정이 확립되었다. 한편, 19세기 말 인구가 크게 늘면서 농업의 위기가 예견되었고 비료인 질산염의 부족을 해결할 필요가 있었다. 이것은 촉매를 이용하여 공기 중의 질소를 암모니아로 변환시킴으로써 해소되었는데 이것이 유명한 하버법이다. 하버법으로 생산된 화학비료는 녹색혁명을 주도하였으며 1950년 이후 곡물생산량이 약 40% 정도 증가하게 되어 식량위기를 해소하는 데 결정적 기여를 하였다.

또한 유기합성의 진보는 염료의 상업적 생산을 촉진하였으며 1856년 퍼킨에 의해 우연히 발견된 자주색 염료 모브는 상업적으로 큰 성공을 거두었다. 이후 마젠타, 디아조 화합물 등 다양한 인공염료물질이 합성되었고 1869년 퍼킨과 카로에 의해 꼭두서니 식물의 천연염료인 알리자린까지 합성되었다. 인디고틴도 곧 합성되어 천연재료를 대체하였다.

또한 화학에 의한 아스피린, 살바르산, 설파제, 항생제 등 의약품의 대량 생산은 인류로 하여금 병마에서 해방될 수 있는 새로운 방법을 제시하였고 마지막 인류의 과제라고 하는 암의 치료제 개발에서도 현재 많은 진전을 이루고 있다.

플라스틱 시대를 연 다양한 고분자 물질은 고무, 합성섬유, 플라스틱 등 현대 문명의 핵심을 이루고 있으며 전도성 고분자, 생분해성 고분자, 디스플레이용 고분자 등 다양한 물성의 새로운 고분자들이 지속적으로 합성, 생산되면서 다양한 석유화학제품과 함께 우리의 생활을 더욱 풍요롭게 하고 있다.

이처럼 화학은 인류가 어떤 문제에 직면했을 때 그 해결책이 되는 새로운 물질을 만들어 냄으로써 문제의 해결사 역할을 하였으며 환경과 에너지 위기가 예견되는 앞으로도 그러할 것이다.

물론 화학 산업에 어두운 면이 없었던 것은 아니다. 1차 세계대전의 독가스, 탈리도마이드 약품을 복용한 임신부의 기형아 출산, 1984년 인도의 보팔에서 발생한 포스겐의 누출사고로 약 3천 명의 사망한 사건, 수은에 의한 일본 미나마타병, 프레온에 의한 오존층 파괴와 다양한 화학물질에 의한 사건, 사고는 화학 산업의 어두운 면들이다.

하지만 이러한 재해들 역시 원인을 체계적으로 연구함으로써 재발과 예방이 가능해졌다. 앞으로도 화학은 현대 물질문명의 풍요를 책임지면서 화학제품의 환경 파괴를 최소화하며 인류 복지에 크게 이바지할 것이다.

교수님과 함께 떠나는
화학 마을 여행

많은 분야 속에서 빛나는 화학 정신

study
03

이 책을 읽는 학생들이 대학에서 화학을 전공한다고 하면 사회에 진출할 시기는 넉넉잡아 10년 후가 될 것이다. 2008년 미국의 서브 프라임 사태와 최근 유럽 재정위기 때문에 전 세계의 경제상황이 어렵게 되었고, 2008년 출범한 이명박 정부의 목표가 기대와 달리 '747(7% 성장, 4만 달러 국민소득, 세계 G7 진입)' 달성이 어렵게 되었다. 10년 후는 지금보다 구직난이 더 심화되는 것이 아닐까 하고 걱정이 될 것이다.

하지만 우리 사회의 미래는 청소년의 손에 달려있다. 이것은 아부의 말도 아니고 현실을 무시하고 듣기 좋으라고 하는 달도 아니다. 우리 나라가 오늘의 자리에 오기까지 과정을 되돌아보자. 60년 전 일제 강점에서 해방 후, 좌·우익의 대립과 한국전쟁의 혼란을 겪으며 세계 빈국의 하나로 출발하였지만 이제는 세계 10대 교역국의 한 자리를 차지하고 있다. 이러한 결과를 얻어낸 데에는 전적으로 교육의 힘이 큰 역할을 했다.

미래의 환경이 어려울수록 젊은이들에게 거는 희망과 기대는 더욱 커지고 해야 할 일, 도전해야 할 일이 많아진다. 자, 피가 끓지 아니한가! 10년 뒤 화학을 전공한 후의 주된 진로는 오늘날과 크게 다르지 않을 것이다. 즉, 화학 관련 산업의 기술자, 연구기관 또는 산업체의 화학 관련 기술 연구자 및 분석기술자, 기초과학의 연구자 및 교육자가 될 수 있다. 뿐만 아니다. 겉보기에는 전혀 화학과 관련이 없는 것처럼 보이는 반도체산업은 실제로 공정의 70% 이상이 화학에 바탕을 두고 있고 건축, 토목에서 사용하는 다양한 재료 및 접착제 등은 화학의 도움 없이는 확보가 불가능하다. 즉, 화학은 모든 분야에 적용될 수 있는 '중심과학' 인 것이다.

물론 화학을 전공한다고 해서 모두 교수나 연구원이 되는 것은 아니다. 화학을 전공한 많은 사람들은 다양한 직업 속에서 화학을 어떻게 적용하고 활용할 것인가를 고민하고 있다. 이것이 슬기로운 자세일 것이다. 물질의 속성, 변화, 이 과정에 수반하는 에너지 변화를 탐구하는 화학의 적용범위는 그 어떤 학문보다 넓기 때문이다.

현대 다양한 산업에 종사하는 직장인들은 넘쳐나는 정보 속에서 사물의 본질을 파악하고, 끊임없이 서로 다른 분야를 접목시키고 있다. 또한 경계를 넘나드는 창의성, 좌뇌적 이성과 우뇌적 감성을 동시에 요구받기도 한다. 가설을 설정하고, 사실에 기반을 두어 검증하여 수정된 가설을 세우고, 또 검증하면서 진실에 다가서는 자연과학에 대한

기본 패러다임은 현대 직장인이 필수적으로 갖추어야 하는 능력 중에 하나가 되었다. 그래서 화학을 공부하기 위해서는 학문적인 성취욕도 중요하지만 학문 자체를 즐겁게 받아들이는 자세가 필요하다. 최근 많은 교육기관에서는 화학을 좀 더 생활 속에 가까이 놓으려 노력하고 있다. 원리를 학습하는 것은 물론이고 화학자들의 삶이나 연구 성과가 나오게 된 사회적 배경 등을 함께 공부하는 모습도 늘어나고 있다. 이제 시를 쓰고 그림을 그리는 화학자뿐만 아니라 화학을 공부하는 시인과 화가도 자주 보게 될지도 모른다.

평생직장은 과거의 유물이 되어버렸고 평생직업도 날이 갈수록 세분화되고 다양한 변화를 요구하는 환경에 따라 사라져가고 있다. 미래 인재의 조건은 전공이나 직장이 아니라 자신이 가지고 있고 취할 수 있는 지식과 관계에 대한 적용과 통합의 능력에 따라 좌우될 것이다.

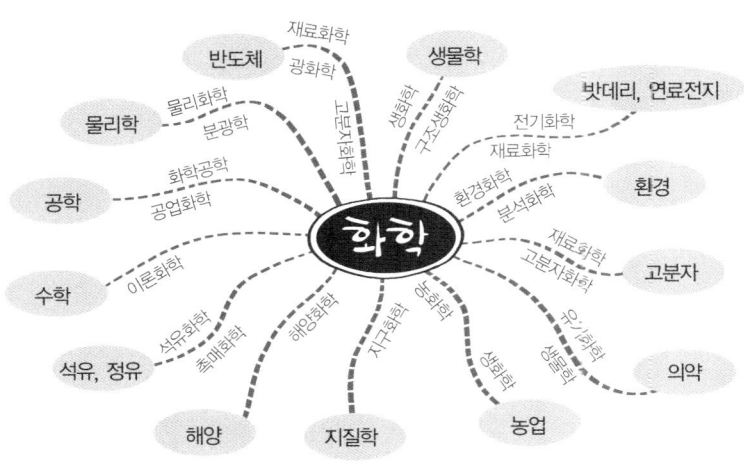

화학 마을 사람들의 천차만별 직업 이야기

그렇다면 화학을 전공한 사람들은 어떤 일을 하고 있을까? 20년 전 대학에서 화학을 전공하고 사회에 나가 각자 다른 자리에서 열심히 일하고 있는 30대 후반의 사람들을 만나보자. 이 중에서는 화학자가 되거나 화학 관련 회사에서 전공을 살리고 있는 많은 친구들의 얘기는 제외하기로 한다. 자, A씨부터 만나볼까?

환경연구사 A씨

A씨는 학창시절 분석화학을 열심히 공부한 덕분에 지금 보건환경연구원에서 연구사로 일하고 있다. 하루가 멀다 하고 늘어나는 새로운 분석 대상 물질이 낯설지 않은 것은 학창시절 공부한 기초화학 덕분이다.

교수님과 함께 떠나는
화학 마을 여행

프로그래머 B씨

B씨는 기업용 프로그램을 제작하는 IT회사에 근무하고 있다. 최근 계약이 성사된 리치 프로그램 개발을 통하여 그는 이 분야의 최고 전문가로 발돋움할 수 있었다. 리치 프로그램은 지속가능한 화학물질관리의 기본 축이 되는 법령으로서 현재는 물론 미래 세대의 건강과 환경을 보존하는 동시에 화학 산업의 경쟁력을 높이기 위해 제정된 유럽연합의 신화학물질 통합관리 제도이다. 화학에 대한 지식이 없다면 불가능한 일이었을 것이다. 그는 화학을 전공한 프로그래머로서 남다른 경쟁력을 갖고 있는 것이다.

출판 편집디자이너 C씨

C씨는 출판사에서 편집디자인을 하고 있다. 물론 그의 경쟁력은 과학 서적 디자인이다. 그는 현재 국정교과서 중 과학과목을 직접 디자인하고 있으며 수많은 학생들이 그가 만든 디자인에 익숙해져 있다.

환경컨설턴트 D씨

D씨는 졸업 후 환경자격증 취득을 통하여 현재 환경컨설턴트로 활동하고 있다. 그는 심화되어 가는 업무를 소화하기 위해 최근 대학원 진학을 고민하고 있다. 환경대학원을 들어가야 한다고 생각했지만 그가 전공한 화학 분야에도 폐기물재활용, 폐수처리제 개발, 방지시설 촉매개발 등 환경에 적용할 내용이 무궁무진하다는 사실에 새삼 놀라고 있다.

에너지경제연구소 연구원 E씨

E씨는 졸업 후 일본으로 건너가 화학과는 상관없을 것 같은 경제학을 공부했다. 인문학을 전공한 경쟁자보다 점점 공학적인 기능이 강화되는 환경경제학, 국제경제학 분야에서 그가 배웠던 자연과학의 패러다임은 능력을 발휘했고 지금은 일본 최고의 연구소인 에너지경제연구소에서 연구원으로 일하고 있다.

방향제 제조회사 사장 F씨

F씨는 졸업 후 여러 가지 자영업을 했다. 몇 번에 실패를 거듭한 끝에 그에게 성공을 안겨준 아이템은 방향제였다. 그는 방향제를 각종 인테리어 소품에 부착해서 사람이 많이 모이는 장소에 설치했다. 그가 원가를 낮출 수 있었던 것은 방향제 제조회사와 직거래를 할 수 있을 정도의 화학지식이 있었기 때문이다. 그는 가게마다 좋아하는 방향제의 화학성분을 구분하고 동일한 성분에 값싼 원료를 찾아 사용했다.

자동차 생산 기업 관리책임자 G씨

G씨는 화학전공을 포기하고 자동차 부품을 생산하는 중소기업 관리부에 입사하여 총무업무를 맡았다. 계속되는 구조조정으로 인원이 줄고 있지만 그는 빠른 승진으로 현재 부장 위치에 있다. 그의 승진비결은 7년 전 취득한 품질관리와 환경관리를 겸직할 수 있는 자격증이었다. 화학을 전공한 사람에게 응시자격이 주어지는 국가자격증은 의외

로 많다.

무역업을 하는 H씨

H씨는 무역업을 하는 형님을 도와 원목을 수입하는 일을 하고 있다. 하지만 현재 회사 수익에 효자 노릇을 하는 품목은 업무차 방문한 일본에서 수입판매권을 받아온 THC(Total Hydro Carbon)측정기이다. 도장시설 등에서 배출되는 총탄화수소를 측정하는 것인데, 여기에는 그가 학창시절 재미있게 들었던 분석화학이 결정적인 역할을 했다. 무역업무에서도 전공분야의 지식이 얼마든지 활용될 수 있었다.

대학 강사 I씨

I씨는 현재 외래강사다. 하지만 그는 화학이 아닌 광고매체 관련 강의를 하고 있다. 그가 전공을 출판매체 분야로 바꾸었기 때문이다. 하지만 그의 논문은 RFID(Radio Frequency Identification)를 활용한 출판물류의 변화에 대해 다루고 있다. RFID은 IC칩과 두선을 통해 식품, 동물, 사물 등 다양한 개체의 정보를 관리할 수 있는 차세대 인식 기술이다. 결국 그도 학부 때 배운 과학을 경쟁력으로 사용한 것이다.

인기 블로거 J씨

J씨는 전업주부이다. 한동안 화학약품 제조회사 연구실에서 근무했지만 육아문제로 퇴직을 했다. 그녀의 딸은 그녀를 박사라고 부른다. 초

등학교 때부터 과학과 수학을 직접 가르쳤기 때문이다. 그녀는 요새 가정학습 경험을 개인 블로그에 연재해 수많은 회원을 거느리고 있다.

중소기업 사장 K씨

K씨는 분석화학 분야의 박사학위를 가졌지만 지금은 어엿한 중소기업 사장이다. 기업의 주요 사업내용은 전자 폐기물에서 금과 같은 고가물질을 회수하는 것이다. 남들이 골치 아파하는 폐기물을 거의 공짜로 가져와 현금과 같은 금을 얻어내는 것은 누이 좋고 매부 좋은 일일 뿐더러 환경의 보존이라는 부가적인 이익까지 가져온다.

사례를 들자면 끝도 없을 것 같다. 화학 분야에 학문적인 업적을 내야 하는 졸업생도 있지만, 다양한 사회진출을 통해 전공 분야를 직업 속에서 다시 살려내는 졸업생도 늘어나고 있다.
그런 의미에서 학창시절에 화학책을 열심히 들여다보면 어느 직장에 들어갈 수 있다고 말하는 것보다는 성공한 직장인이 될 것이라고 답변하는 것이 옳을 것 같다.

화학자는 괴상한 사람들이다?

영화 『백 투 더 퓨처』에서 타임머신을 발명한 박사를 기억하는가? 화학기구가 잔뜩 있는 연구실에서 플라스크에 담긴 화학물질이 끓어 넘치는데도 연구에 몰두하는 괴짜 과학자 말이다.

왜 영화에 나오는 화학자들은 모두 도수 높은 안경을 끼고 머리는 며칠 동안 감지 않은 것처럼 푸석한 모습일까? 왜 수염을 깎지 않아 지저분하고 조금은 우습고 모자란 모습으로 그려지는 것일까? 화학이 현대 문명과 인류의 복지에 미치는 영향을 고려할 때 이러한 화학자의 모습은 이해가 가지 않는다. 그러나 연금술이 오랜 기간 동안 대중에게 주었던 인상을 상기해 보면 이러한 연상을 이해할 수 있다. 값싼 금속을 고귀한 금으로 바꾸기 위하여 비밀스럽고 괴기한 환경에서 밤낮을 잊고 연구했던 연금술사의 모습은 일반인에게 정신이 온전하지 않은 사람으로 각인되었을 것이다.

과학의 발전에 있어 우연히 발견된 사실을 가볍게 이야기하기도 하지만 우연히 발견된 사실을 그냥 지나치지 않고 우리 생활에 유용한 결과물로 변화시킨 많은 화학자들의 끈기와 노력을 간과해서는 안 될 것이다. 화학을 비롯한 과학의 비약적 발전이 사소한 것도 그냥 지나치지 않았던 많은 과학자들의 끈질긴 노력의 결과물임을 기억한다면 화학실험을 진행하는 화학자들의 모습에서 우리의 밝은 미래를 상상할 수 있을 것이다.

미리 보는 대학생활,
화학과 안내서

대학에서는 어떤 과목들을 통해 화학을 배우게 되는 것일까? 학교마다 약간의 차이는 있겠지만 보통 분야 소개, 심화학습, 실험 과정으로 구성된다.

1학년

- 교양필수와 전공필수 수강
- 교양 : 물리, 화학, 생물, 지학 및 실험 등의 자연과학 과목, 컴퓨터 관련 과목, 한문 또는 문장작법, 인문, 사회분야 과목 그리고 영어와 수학 등
- 전공필수 :화학Ⅰ, 화학Ⅱ 및 실험 등

1학년 때는 교양필수 또는 대학필수라는 명칭의 과목들을 수강하게 된다. 물리, 화학, 생물, 지구과학 및 실험 등의 자연과학 과목, 컴퓨터 관련 과목, 한문 또는 문장작법, 인문, 사회분야 교양 과목 그리고 영어와 수학 등을 선택해 배울 수 있다. 고등학교 때 배운 과목들을 보다 깊이

교수님과 함께 떠나는
화학 마을 여행

있게 배우는 것이다.

그리고 전공필수인 화학 I, II 및 실험은 보통 학기당 각각 3학점, 1학점씩 2학기에 걸쳐 이수하게 된다.

1학기 때 배우는 화학 I에는 화학 전 분야에 통용될 수 있는 화학의 기본원리인 기초 열역학, 원자와 분자의 기초 구조이론 및 화학방정식과 양론, 기체 물질의 특성과 이론 등을 배운다. 이들의 응용을 통해 화학현상을 보다 잘 이해할 수 있게 된다.

2학기 때 배우는 화학 II는 화학 I에 이어지는 강좌이다. 액체, 고체와 용액에서의 현상, 화학변화의 속도에 관한 이론과 실제를 다루는 반응속도론, 화학평형, 산-염기반응 및 전기화학의 기본 원리와 응용을 토의하고, 각 원소들과 이들의 화합물에 관한 제현상을 배우게 된다.

실험은 보통 1주에 2시간씩 진행된다. 내용은 대학교가다 조금씩 다르지만 기본적인 화학실험에서 필요한 기본 조작법을 배우고, 일반화학의 강의내용에 연관된 실험을 하게 된다. 화학의 일반원리에 대한 실험적 검증, 분자량 측정, 크로마토그래피, 산-염기 적정, 자연계의 주요 상수인 기체상수의 결정과 화학반응속도, 각종 유형 화합물들의 반응과 아스피린과 같은 간단한 화합물들의 합성법 등을 다루게 된다.

2학년

- 전공 기본과목 수강 시작
- 물리화학, 유기화학, 무기화학, 분석화학, 생화학 등

2학년이 되면 본격적으로 전공과목을 수강하게 된다. 전공과목은 보통 화학의 기본 5개 분야를 망라하는 과목들로 이뤄져 있으며, 전공 기본 및 심화 과목으로 구성된다. 대개 전공 기본은 2학년 때, 심화 과목은 3학년 이후 수강하게 된다. 학교마다 배우는 기본과목은 비슷하지만 심화과목은 각 대학교의 상황에 따라 조금씩 다르다. 자, 전공 기본과목에는 어떠한 것들이 있을까?

먼저 물리화학의 경우를 보자. 물리화학의 기본 과목들은 보통 물리화학Ⅰ, 물리화학Ⅱ, 물리화학실험으로 구성되어 있다.

물리화학Ⅰ에서는 화학의 기본 이론 체계인 열역학 등을 배운다. 모든 변화에는 항상 에너지 변화가 수반된다. 따라서 변화를 이해하기 위해서는 에너지에 관련된 용어와 현상을 설명하는 이론을 습득하는 것이 필수적이다.

물리화학Ⅱ에서는 화학의 또 다른 중요한 이론 체계인 화학평형, 분자운동론, 반응속도론 등의 기초 이론에 대한 강의가 이뤄진다. 화학의 변화는 물질을 구성하는 원자, 분자와 같은 구성입자의 특성과 행동방식을 이용해 우리가 관찰하는 현상을 설명하는 방

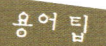

용어 팁

양론 화학변화에서 각 물질 간의 양적 관계를 계산하는 분야

화학평형 겉보기에 더 이상 변화가 나타나지 않는 상태를 평형이라 하지만 실제 원자, 분자단위에서는 지속적으로 변화가 진행되고 있는 특성을 가지고 있다. 동적 평형이라고도 한다.

식을 통해 이해할 수 있다. 이러한 접근방법을 배우는 것이 바로 분자운동론이다.

또한 전공과정에서 소개된 기초이론과 관련된 실험실습도 한다. 실험실습을 통해 자신이 배운 것을 눈으로 직접 확인할 수 있어 학생들이 좋아하는 시간이기도 하다.

유기화학은 유기화학Ⅰ, 유기화학Ⅱ, 유기화학실험으로 구성되어 있다. 유기화학Ⅰ에서는 유기화합물 분자 종류와 구조, 이에 따른 특성, 반응속도론, 외짝 전자를 가져 반응성이 큰 물질인 자유 라디칼, 분자 내 일부분을 다른 물질로 바꾸는 치환반응, 동일한 화학식을 가졌지만 성질이 다른 분자인 이성질체의 구조와 특성, 분석 등에 관한 내용을 다루는 입체화학과 치환 및 기존의 분자에 다른 물질이 추가되는 첨가반응 등을 배울 수 있다.

유기화학Ⅱ에서는 벤젠과 같은 구조를 가지는 화합물이 가지는 성질인 방향족성의 개념, 전자밀도가 풍부한 화학종을 좋아하는 화학물질의 성질인 친전자성 방향족 치환반응, 빛의 특성을 이용하여 분자구조를 분석하는 분광학을 이용한 분자구조 규명에 관한 강의가 이뤄진다.

이와 비슷하게 무기화학, 분석화학, 생화학의 기초를 다루는 과목들은 경우에 따라서는 2학년 또는 3학년에 개설되어 각 분야의 기초적 개념과 이론을 공부하게 된다.

그리고 화학을 전공하는 학생들에게 비전을 제시하기 위해 '화학의 미래'라는 과목을 배운다. 이 과목은 학교에 따라 다른 과목명을 사용하기도 하는데, 이를 통해 화학의 각 첨단 분야에서 연구되고 있는 내용을 알게 된다. 3, 4학년에서 공부할 화학의 전 분야 즉 물리화학, 유기화학, 무기화학, 분석화학, 생화학 분야를 모두 망라한 화학의 발전 방향과 새로이 부각되고 있는 분야의 기본적인 개념을 공부하는 것이다. 또한 시대적 조류로 최근에 부각되고 있는 BT(biotechnology)와 NT(nanotechnology)에 대해 알 수 있다.

3, 4학년

– 전공 심화 과목 수강
– 본격적인 진로 결정

3, 4학년이 되면 다양한 전공 심화 과목들을 듣게 된다. 분석화학, 무기화학, 유기화학, 물리화학, 생화학 등 각 분야에 대한 심화 과정들을 배우는 것이다. 본격적인 전공 수업들을 통해 다양한 분야 중 자신에게 더 관심이 있는 분야는 무엇인지도 찾을 수 있게 될 것이다. 이 부분은 제2장부터 화학 마을을 구석구석 여행하며 살펴보도록 하자.

교수님이 추천하는
화학 관련 책 Best

〈화학의 역사〉 존 허드슨 | 고문주 옮김 | 북스힐

화학의 역사적 전개 방향과 화학의 다양한 개념이 성립하는 과정을 이해하는 데 좋은 책이다. 화학의 역사는 화학의 개념을 배워나갈 때 개념의 흐름과 잘못된 개념의 유형을 이해하는 데도 매우 도움이 된다. 화학에 관심을 가지고 있다면 화학의 역사를 통해 화학의 위대한 학자들의 업적과 배경을 알아둘 필요가 있다. '한눈에 보는 역사 이야기'에서도 이 책의 내용을 요약했다.

〈화학으로 이루어진 세상〉 메데페셀헤르만 외 2명 | 권세훈 옮긴 | 에코리브르

이 책의 원 제목은 '화학 24시'이다. 이 책은 우리가 살고 있는 세상은 다양한 화학물질로 이루어져 있으며, 일상생활을 유지하는 궤도 화학물질이 관여하지 않는 곳이 없다는 것을 생생하게 보여준다. 이 책은 인간과 화학과의 밀접한 관계를 우리에게 익숙한 다양한 물질을 이용하여 알기 쉽게 설명하고 있다. 화학의 영향을 실감 있게 느낄 수 있을 뿐만 아니라 화학의 양면성을 확인하는 데에도 도움이 된다. 이를 통해 균형 잡힌 화학에 대한 개념을 얻을 수 있을 것이다. 독일 화학자협회와 연방교육연구부가 지정한 2003년 화학의 해 공인 도서인 점도 이 책의 권위를 높이고 있다.

〈원소의 왕국〉 피터 앳킨스 | 김동광 옮김 | 사이언스북스

물리화학 분야의 베스트셀러 교과서를 집필한 바 있는 피터 앳킨스가 쓴 책으로 화학을 구성하는 기본 물질인 원소들의 특성, 이름과 발견, 발명에 얽힌 이야기, 원소들의 특성을 쉽게 찾아볼 수 있는 주기율표의 역사적 배경 등을 알기 쉽고 흥미롭게 설명하고 있다.

화학의 기본 원소들을 모두 담고 있는 주기율표. 이 주기율표는 단순히 원소들의 배치에 그치는 것이 아니라 화학의 핵심적 원리를 담고 있기에 화학공부에서 주기율표가 빠질 수가 없다. 어렵게만 느껴졌던 화학의 원리, 주기율표를 관통하는 근본 원리들과 주기율표가 형성된 역사, 그리고 원소의 내부 구조에 대한 과학적 정보가 흥미진진한 지리적 비유와 어우러져 있어 쉽고 정확하게 이해될 것이다. 화학을 공부하는 학생으로서 꼭 한번 읽어 볼 것을 권장한다.

〈역사를 바꾼 화학의 17가지 이야기〉 페니 르 쿠터 외 | 곽주영 옮김 | 사이언스북스

화학분자들이 어떻게 세상을 바꿨는가에 대한 내용을 담은 화학 교양서이다. 2권의 시리즈로 되어있으며 1편은 〈비타민에서 나일론까지〉, 2편은 〈아스피린에서 카페인까지〉로 구성되어 있다. 이 책들은 화학물질들이 단순히 하나의 물질로 존재하는 것에 그치지 않고 역사 속에 어떠한 영향을 주었는지를 흥미롭게 풀어내고 있다. 향신료에서부터 프레온 가스에 이르기까지 다양한 화학물질들이 인류의 의식주 구조를 어떻게 바꾸었는가를 알아보자.

한눈에 보는
화학의 역사~
그대와 중세편

불의 발견에서
연금술에 이르기까지

자연계의 근본물질에 대한 호기심

인류는 천연에서 얻을 수 있었던 물질들을 다양한 목적에 맞
게 새로운 물질로 변화시켜 왔다. 물질들을 변화시키는 과정은 우연한
발견에서 시작되었지만 경험이 축적되고 지식이 늘어나면서 한 가지
현상을 다른 현상에도 적용할 수 있게 되었고 실제 해 보지 않고서도
결과를 예측할 수 있게 되었다.

인류가 생존의 단계를 넘어서 다른 동물을 서서히 압도하는 데 중요한
역할을 한 것은 다름 아닌 불의 사용이다. 불의 사용은 계절 변화에 따
른 추위의 위협, 다른 동물들의 위협 등에 대한 안전장치의 역할을 하
였을 뿐만 아니라 화학변화에 필요한 에너지원 공급이라는 점에서 발
전의 동력원을 확보한 셈이다.

석기시대 말기에 우연히 발견하게 된 금속의 확보는 농업과 수렵의 기
술을 비약적으로 발전시켰다. 이로 인해 식량이 늘어났고 인류는 정착
하게 되었다. 또한 토기 제조나 직물 및 염색 등 새로운 기술의 개발로
이어져 풍요로운 집단적 생활을 가능하게 했다. 이러한 풍요에 따른
시간적, 정신적 여유는 자연원리의 탐색을 가능하게 하였다.

처음에는 금속을 생산하는 새로운 기술은 거의 마술과도 같은 놀라운 일이었을 것이다. 그리고 수많은 시행착오는 변화의 본질을 생각하게 했을 것이다. 아마도 자연계의 모든 물질이 어떤 근본물질로부터 만들어졌다고 생각했을지도 모른다. 그리고 그 근본물질이 무엇인가를 고심하였을 것이다. 이처럼 최초의 연구대상은 자연계의 근본물질이었다.

뭐든지 금으로 바꿔라!

초기 그리스의 자연과학자와 철학자들은 물, 불, 공기, 흙 등이 근본물질이 될 수 있다고 주장했다. 현대적인 원자론과는 다르지만 데모크리투스가 원자론을 주장하기도 했다. 하지만, 고대 지식을 집대성한 아리스토텔레스에 의해 거부되어 16세기까지도 과학에 영향을 미치지 못했다. 알렉산더 대왕의 스승으로 더 많이 알려진 아리스토텔레스는 엠페도클레스의 4원소설(물, 불, 흙, 공기)을 발전시켰다. 자연의 모든 물질은 이들 네 가지 원소의 조합이며 이들이 가진 성질(온, 습, 냉, 건)을 더하거나 뺌으로써 다른 원소로 전환될 수 있고 자연계의 변화 역시 이 원소들의 비율의 변화라고 설명했다. 이러한 아리스토텔레스의 4원소설은 헬레니즘의 중심지 알렉산드리아를 중심으로 발생한 최초의 실험화학이라 할 수 있

는 연금술에 큰 영향을 끼쳤다. 수많은 연금술사는 값싼 금속을 구성하고 있는 원소들의 비율을 조절하여 금으로 바꿀 수 있는 비법을 찾고자 노력하였다.

헬레니즘 시대 많은 과학자들은 역사적으로 중요한 가치를 가지는 많은 업적을 남겼다. 압력을 이용하는 기계를 발명한 헤론을 비롯하여 수학자 유클리드, 천문학자 프톨레마이오스, 물리학자 아르키메데스 등이 그들이다. 하지만 아쉽게도 이 시대의 화학자들은 물질의 본질과 성질을 탐구하기보다는 인공적으로 금을 만드는 데만 집중했다. 이러한 사실은 3세기경으로 추정되는 파피루스(스톡홀름 파피루스, 라이덴 파피루스)에 기재된 금과 구리의 합금을 만드는 처방전, 순수하지 못한 금으로부터 순금을 만드는 방법을 통해서도 확인할 수 있다. 또한, 서기 300년경에 조시모스가 28권에 달하는 책에 연금술적 내용을 기재했는데 그것을 보아도 연금술의 역사는 상당히 오래되었음을 짐작할 수 있다.

연금술을 유럽에 전파시킨 아랍

이슬람교에 의해 통일된 아랍은 세력권을 스페인에서 페르시아 지역까지 뻗치게 되었고 8세기경에는 바그다드가 알렉산드리아를 대신하여 학문의 중심지가 되었다. 이 시기에 자비르가 저술하였다고 전해진 〈자비르 전집〉은 중세 유럽 연금술의 중요한 지침서가 되었으나 저서에 기술된 변환의

내용은 현대적 관점에서 이해하거나 실현하기는 어려웠다. 하지만 변환과
정을 연구하는 과정에서 알칼리 물질 등의 새로운 물질과 증류장치 등의
새로운 실험기구가 소개되었고, 이러한 지식과 기술은 이후 화학의 발전
에 큰 기여를 하였다.

이처럼 아랍의 연금술과 화학적 지식은 헬레니즘의 소멸 이후 혼란스러웠
던 유럽의 상황에서 고대와 세계의 지식을 통합, 보관하고 있다가 다시 유
럽에 전달한 지식의 저장고 역할을 했다고 할 것이다.

중세 유럽을 수놓은 신비주의 연금술

12세기에 들어 유럽에 아랍의 과학과 의학 서적이 번역되어 발행되면서
유럽의 연금술은 시작되었다. 유럽인들은 오랫동안 존재 자체를 잃어버렸
던 아리스토텔레스의 4원소설을 비롯한 다양한 지식을 습득하기 시작하
였다. 13세기 이러한 지식의 내용들은 알코올, 황산을 비롯한 무기산, 초
석(질산칼륨, KNO_3)의 발견으로 이어졌고 인류사회에 미치는 영향이 큰
인류의 주요 발명품의 하나인 화약의 제조를 가능하게 하였다. 아이러니
하게도 지식의 발전이 중세의 붕괴로 이어지는 원인 하나를 제공한 셈이
된 것이다.

14, 15세기 화학적 진보는 미미하였다. 하지만 15세기 중반 발달한 인쇄
술은 지식의 정확한 전달을 가능하게 했고 16세기 화학기술의 정착에 기

여하였다. 이 결과, 당시 중요한 물질이었던 황, 무기산, 수은의 제법이 확산되어 물질의 대량 확보가 가능하게 되었다.

16세기에는 연금술의 성격이 변화하였다. 가장 큰 특징은 의학적으로 이용된 것이다. 이 시기에 파라셀수스 등의 치료화학이 성행하였고, 다양한 화학물질이 치료제로 등장하게 되었다.

17세기 유럽대학에서는 의학을 다루는 교수들이 화학을 가르치게 되었고 학문적으로 존경받게 되었다. 한편 16, 17세기에 정점에 도달한 연금술은 신비적, 마술적 요소가 많아졌으며 이는 비법을 빼앗고자 하는 이들로부터 자신을 지키는 호신책의 일환이기도 했다. 그러나 이러한 진지한 연금술사와는 달리 연금술을 믿는 순진한 사람을 속이는 사기 연금술사도 많았다. 이슬람의 술탄과 유럽의 루돌프 2세 등의 군주까지도 사기 연금술사들에게 속는 사태가 발생했다. 이러한 사기 연금술사의 등장으로 연금술에 대한 인식이 급격하게 나빠지게 되어 한때는 '연금술사 = 사기꾼' 이라는 등식이 만들어지기도 했다. 하지만 연금술의 명예를 지키기 위해 노력한 사람들 역시 많았다. 18세기 영국의 왕립협회 회원이었던 제임스 프라이스는 금으로 변환시키는 실험이 실패하자 자살하기도 했다.

화학 마을 제1구역, 물질을 분석하는 곳

분석화학은 무엇일까?

화학은 크게 물리화학, 유기화학, 무기화학, 분석화학, 생화학 이렇게 다섯 가지 분야로 나뉘어진다. 각 분야 간 간격이 좁아지고 겹쳐지는 경향이 있어 분류의 의미가 점차 희미해지고 있지만 그래도 한 구역 한 구역 둘러보면서 화학의 매력에 빠져보기 바란다. 각 분야의 개괄적 개요와 학제 간 분야를 포함한 세부적인 분야에 대해서는 인터넷 백과사전 위키피디아를 참조하였다. 자, 그럼 화학 마을 제1구역부터 둘러보자.

분석화학은 화학 중에서 가장 오랜 역사를 지닌 분야라 할 수 있다. 초기의 화학은 본질적으로 분석적 성격이 강했고, 자료가 축적되면서 주요 분야가 갈라져 나가 다른 분야들이 생긴 것이기 때문이다.

분석화학은 물질이 어떠한 성분으로 구성되었고, 구조가 어떠한지를 이해하기 위하여 분석하는 방법, 분석하는 기계의 개발과 개선을 연구하는 분야이다. 다시 말하면 분석화학은 자연에서 얻을 수 있는 물

화학 마을 제1구역,
물질을 분석하는 곳

질을 구성하는 기본물질이 무엇이고 얼마나 있는지를 결정하는 학문이다.

수많은 화학자들의 노력에 의해 물질의 주요 성분을 분석하는 다양한 방법들이 개발되었다. 이러한 방법들 중 고전적 방법에는 성분을 결정하는 정성 분석방법과 양을 결정하는 정량 분석방법이 있다. 그리고 정량분석에는 무게를 측정하는 방법과 적정의 방법을 이용하는 부피 분석법이 주요 성분을 분석하고 표준화하는 데 활용되고 있다.

기술이 발전하면서 측정방법과 측정기기는 점점 더 정교해지고 있다. 검출 한계는 마이크로(10^{-6})를 넘어서 나노(10^{-9}) 내지 피코(10^{-12}) 수준까지 도달했고 펨토(10^{-15}) 수준의 실용화를 위해 노력하고 있다. 예를 들어 물속 성분들의 농도가 1ppm은 마이크로 수준, 1ppb은 나노 수준, 1ppt은 피코 수준이다.

이런 정도의 분석이 가능하려면 매우 정교한 기법과 기기가 필요하다. 또한 분석할 때 다른 물질에 의한 영향을 검출한계 밑으로 유지해야 하며 이를 확보하기 위해 시료 채취법, 저장법 등의 새로운 방법들을 확립해야 한다. 이를 위한 모든 연구가 분석화학의 범주 안에서 진행된다.

용어 팁

1ppm(part per million) 100만 개 입자 중의 하나를 구별하는 수준

1ppb(part per billion) 10억 개 입자 중의 하나를 구별하는 수준

1ppt(part per trillion) 1조 개 입자 중의 하나를 구별하는 수준

최근 산업 생산품에 요구되는 품질 수준이 높아지고 환경과 복지의료에 대한 관심이 많아졌다. 이에 따라 독성물질을 포함한 다양한 성분의 검출, 장기적 효과의 확인 등이 중요한 주제로 부각되었다. 이러한 정보의 확보는 오직 분석화학의 발전과 연구에 의해 이루어질 수 있기 때문에 그 의미는 더욱 중요하다.

전공과목 알아보기

기본 과목

분석화학(Analytical Chemistry) 분석화학의 기본 원리인 무게분석과 부피분석의 이론과 실제적 응용 등을 배운다. 특히, 부피분석의 핵심인 적정의 이론과 다양한 물질의 적정을 통한 분석 특성을 다루게 된다. 산-염기의 중화적정, 무기화합물 착물 형성을 이용한 미량 금속이온의 적정과 응용, 산화-환원반응을 이용하는 적정의 원리, 보다 정확한 분석을 하기 위한 전위차 적정 등을 배운다.

분석 및 기기분석화학 실험(Analytical & Instrumental Analysis Chemistry Lab.) 현대 화학의 다양한 분야에서 광범위하게 사용되고 있는 UV(자외선), Visible(가시광선), IR(적외선), NMR(라디오파) 등의 각종 빛을 사용하는 분광학적 기법과 전기화학적 분석 기법 및 크로마토그래피에 의한 분석 등에 관한 실험이다.

심화 과목

기기분석 I (Instrumental Analysis I) 각종 현대 기기분석 기구의 구성과 작동원리, 전형적인 분석체계들의 일반적인 성질, 특히 광흡수 분광법, 방출분광법과 형광분광법의 방법, 원리와 응용 등을 배운다.

기기분석 II (Instrumental Analysis II) 각종 기기분석 기구의 기본원리, 특히 자키공명 분광법, 광전자분광법, 질량분광법, 전기화학 분석법 및 크로마토그래피의 방법, 원리와 응용 등을 배운다.

화학 마을 제1구역,
물질을 분석하는 곳

최근 인기를 얻고 있는 미국 드라마 CSI(Crime Scene Investigation; 범죄 현장 조사)를 통해 잘 알려져 있는 법의학 및 환경 지킴이의 든든한 배경에는 잘 확립된 분석화학이 있다.

분석화학의 위력은 미술품이나 골동품 등의 진위 여부를 감정하는 일에도 발휘된다. 최근 많아진 미술품에 대한 진위논쟁 감정을 위해 다양한 분석기법이 사용되고 있다.

그 대표적인 예가 '토리노의 수의'이다. 토리노의 수의는 예수의 장례식 때 사용된 수의로 알려져 있는 유물이다. 수의에는 수염 있는 남성의 형상이 그려져 있는데, 찬성론자들은 이 그림이 예수의 형상이 찍힌 것이라고 믿고 있다. 하지만 토리노 수의의 진위 여부에 대한 논란은 끊이지 않고 있다.

1998년 탄소연대측정법을 비롯한 과학 조사가 이뤄졌는데 그 결과 수의가 1260~1390년대의 아마포(린넨)로 밝혀졌다. 이에 예수의 장례식에 사용된 수의일 가능성이 없다고 공포되었지만, 찬성론자들은 다양한 이론으로 반박하고 있어 확실한 결론은 나지 않았다. 학자들에 따라서는 중세 기독교 침략전쟁인 십자군전쟁으로 상처를 입은 이슬람교도들이 성물 숭배가 유행한 중세 기독교인들을 조롱하기 위해서 만들었다고 주장하기도 한다.

이 논의에서 사용된 탄소연대측정법은 고대유물의 연대를 측정하는 데 유용하다. 방사성 동위원소를 이용한 다양한 물질의 연대측정은 고고학 및 지질학에서 유용하게 응용되고 있다.

또한 유기화합물 분자들을 확인하고 구조를 분석하는 데 핵자기공명 분광법이 사용된다. 핵자기공명 분광법은 분자 내의 많은 원자핵들이 작은 막대자석들처럼 작용하여 자기장 내에서 그 자석의 방향에 의존하는 에너지를 가지고 있다는 사실을 이용해 에너지준위 사이의 전이를 탐지하는 원리로 작동한다. 이러한 방법은 단순히 분자의 구조 분석에 머무르는 것이 아니라 최근에는 영상기술이 접합되어 최첨단의 의학 진단기술로 활용되고 있다. 대표적인 예로 자기공명영상법(Magnetic Resonance Image; MRI)이 있다. 이 외에도 양전자방출 단층촬영술(PET) 등 새로운 진단기술이 속속 채택되어 암을 비롯한 난치병 치료에 새로운 전기를 맞고 있다.

현재 원자 또는 분자 물질의 모든 물리적, 화학적 성질을 사용한 새로운 분석방법이 개발되었고, 분석의 자동화 및 자료의 처리에 컴퓨터가 필수적으로 이용되고 있다. 따라서 현대의 분석화학을 이해하기

위해서는 물질의 화학적 지식뿐만 아니라 상당한 수준의 광학, 전자,

전기, 정보처리 등 다양한 분야의 지식이 필요하다.

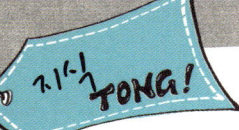

조선시대에도 법의학 교과서가 있었다고?

조선 최초의 법의학서 〈신주무원록(新註無寃錄)〉

〈무원록〉은 원래 중국 원나라의 왕여가 1308년에 저술한 책으로 중국을 비롯하여 조선, 일본 등지에 전해져 법의학 지침서로 널리 활용되었다. 〈무원록〉이 간행된 지 100여 년이 지난 1435년 세종의 명을 받은 최치운 등은 1438년(세종 20년) 겨울에 〈신주무원록〉을 완성한다. 그리고 1년 여의 인쇄 과정을 거쳐 1440년 봄 드디어 강원도에서 초판이 발행됐다.

이후 여러 번의 중간(重刊)을 거치면서 〈신주무원록〉은 조선시대 검시의 표준 서적이 되었다. 예컨대 중종 대 전라도에서 발생한 구질덕 사건의 경우, 독살과 자살 여부를 두고 〈신주무원록〉의 '은비녀 조항'을 활용한 적이 있으며, 선조 대에는 이미 사망원인이 밝혀진 시체를 처리하는 문제에 대해 〈신주무원록〉의 지침을 따르도록 지시한 일도 있다.

그러나 조선의 사회 구조가 중국과는 달라서, 점차 새로운 문제들이 나타나기 시작했다. 〈무원록〉에는 독살로 죽은 경우에 대한 조항 자체가 없었다. 중국에서 독사로 인명을 해하는 사례가 드물었는지 모르지만, 조선에서는 독설이 빈번했다.

때문에 조선 후기 사회상의 다양한 변화에 대응할 대책이 시급했다. 그 첫 번째 결과가 1748년(영조 24년) 간행된 구택규의 〈증수

화학 마을 제1구역,
물질을 분석하는 곳

무원록〉이다. 〈증수무원록〉은 〈신주무원록〉을 기본으로 쓸데없는 것은 덜어내고 빠진 것은 보충하여 전체적으로 일목요연해진 데다가, 이해가 어려운 문구들과 단어들을 책 앞에 모아 상세하게 설명해 놓았다.

조선 법의학의 최고봉 〈증수무원록언해〉

구택규의 〈증수무원록〉에 이어 18세기 말에는 그의 아들 구윤명이 더욱 완성된 형태의 업그레이드 버전을 내놓았다. 바로 〈증수무원록대전〉이다. 우선, 순서와 분류를 보다 완전하게 정리했고, 당시까지 남아있던 중국식 말투를 완전히 제거하였다. 그리고 청나라 형부에서 만든 〈세원록〉 해설본을 들여와 부족한 내용을 보충했다. 또한, 오자와 탈자 등 문장을 교정하는 일도 빼놓지 않았다.

무엇보다 중요한 건 〈증수무원록대전〉은 조선의 현실을 고려했다는 것이다. 단지 중국의 〈무원록〉에 주석을 가한 정도인 조선 초 〈신주무원록〉을 능가하는 부분이었다. 그동안 조선에서 누적된 다양한 검험 지식과 수사 기법 가운데 기록할 만한 것이라면 모두 첨가한다는 정신으로 완성해 나간 것이다.

'자신의 견해를 덧붙여 조목마다 증보' 한 이 내용이야말로 조선 법의학의 발전상을 상징적으로 보여준다고 하겠다. 특히 구윤명은 문구나 용어 사용의 정확성을 기하기 위하여 법률학자 김취하의 감수를 받았다. 이렇게 전문가의 검토를 받고 그 결과를 과감하게 수용함으로써 더욱 완벽한 법의학 서적이 될 수 있었다.

김취하는 본문의 내용을 크게 훼손하지 않는 범위에서 첨삭을 가했는데, 여기에는 '증(增)' 자를 붙여 구분했다. 이렇게 〈증수무원록대전〉은 완전히 조선화된 법의학 서적으로 재탄생한다.

1790년 정조는 서유린에게 〈증수무원록대전〉을 언해하도록 명하였다. 어려운 한문본을 우리말로 번역하여 널리 보급하려는 목적이었다. 역시 김취하가 작업에 참여하여 중요한 역할을 하였다. 이듬해인 1791년 언해본 초고가 완성되었고 이후 인쇄에 들어갔으나, 우여곡절 끝에 1796년에야 〈증수무원록대전〉과 〈증수무원록언해〉 두 책이 동시에 인쇄되어 세상에 나올 수 있었다. 조선 후기를 대표하는 두 종의 법의학서가 간행된 것이다. 하나는 한문본이고, 다른 하나는 한글본이었다. 이 둘은 1905년 새로운 형법이 반포된 이후에도 여전히 중요한 검시 지침서로 활용되었다.

이 이야기는 경인교육대학교 김호 교수님께서 쓰신 '옛 실용서적 다시 읽기, 신주무원록과 그 개정판본들'(《문화와 나》2004년 봄호)에서 요약하였습니다.

화학 마을 제1구역, 물질을 분석하는 곳

빈랜드(Vinland) 지도의 진위 여부를 밝혀라!

빈랜드 지도는 1950년대 유럽의 개인 도서관이 팔려고 내놓은 후, 어느 희귀본 판매인이 구입하면서 세상에 나오게 되었다. 이 지도는 1965년에 기증되어 현재는 예일대학교 도서관에 소장되어 있다.

이 지도는 빈랜드의 섬이라 불리는 서쪽 대서양에 있는 거대한 섬인 새로운 세계에 관한 중세 시대의 지도이다. 1440년대로 추정되는 '타르타르 상관관계(Tartar Relation)' 라는 제목의 알려지지 않은 문서와 함께 이 지도는 1965년 세상에 처음 알려졌다. 만약 이것이 진품이라면 북아메리카의 상당한 부분이 콜롬버스 이전에 이미 서유럽에 알려졌다는 것이다! 역사적 사실을 번복할 수도 있는 이 지도의 진위 여부에 세간의 관심이 집중되었다.

지도에 있는 좀구멍이 '타르타르 상관관계' 그리고 또 다른 진짜 중세 문서인 '반사경 역사 (Speculum Historiale)' 에 존재하는 좀 구멍과 정확하게 일치하는 것이 확인되었고, 지도가 진품인 것에 더욱 무게가 실렸다. 지도는 두 개의 문서와 함께 동시에 묶인 것으로 생각되었다.

1974년 자세한 조사를 위해 예일대학교가 표면분석 그룹(맥크론 연합)을 고용하였고, 과학자들은 다양한 표면분석장비를 이용해 지도에 사용될 양피지와 잉크를 조사했다. 많은 측정결과들은 지도가 위조품인 것을 나타내었다. 빈랜드 지도가 위조라고 말하는 측정결과들은 다음과 같다.

기기분석 기술들

① 맥크론 연합은 먼저 광학현미경을 사용하여 주의 깊은 예비 조사를 했다. 이 관찰을 통해 지도는 송아지 가죽 위에 검은색 잉크로 초안이 그려진 것임을 밝혔다. 초안은 밑에 놓인 얇은 노란 층과 인접해 있는데, 이것은 고대 필사본의 전형적인

특징이다. 초기의 주요한 관찰은 검은색 초안이 노란색 밑그림과 정확하게 맞지 않는다는 것이다.

② 루타일과 아나타제(정방정계) 형태의 이산화티타늄(TiO_2) 입자가 존재하는지를 알아보고자 편광현미경을 사용하여 지도를 조사하였다. 이 관찰을 통해 아나타제 입자는 20세기 초 이후에 생산된 상업용 흰색 도료와 유사하다는 것이 제시되었다. 현미경 분석 다음으로 지도의 여러 부분에 있는 입자를 여러 가지 초미세 분석 방법을 사용하여 분석하였다.

③ 분말 X-선 회절법으로 노란색 도료층의 수 나노그램 시료를 측정하였는데 루타일과 아나타제 모두 존재하는 것을 확인하였다. 도료의 입자는 X-선 형광검출기가 부착되어 있는 주사전자현미경으로 조사되었다. 노란색 도료 입자는 상대적으로 높은 농도의 티타늄을 보였고, 검은색 입자는 높은 농도의 철과 크롬을 나타내었다. 빈랜드 지도로부터 얻은 아나타제의 입자 모양과 크기 분포를 상업용 제품과 비교하기 위해 투과전자현미경을 사용하였다. 이와 같은 결과들 역시 아나타제 입자들이 최근 만들어진 것임을 나타내었다.

④ 1㎛의 빔 크기를 가지고 펨토그램 시료의 원소 분석이 가능한 전자 마이크로프로브를 통해 관찰한 결과, 노란색 도료에는 티타늄이 상당히 포함되어 있으나 양피지와 검은색 도료에는 티타늄이 없는 것을 확인했다. 도료 시료의 이온 마이크로프로브 분석은 전자 마이크로프로브와 일치하는 결과를 제공하였다. 이온 마이크로프로브 또한 '타르타르 상관관계'와 '반사경 역사' 문서 내의 잉크와 빈랜드 지도의 도료를 비교하기 위해 사용하였다. 빈랜드 지도로부터 얻은 측정결과는 '타르타르 상관관계'나 '반사경 역사'로부터 얻은 결과와 일치하지 않았고 어떤 알려진 잉크와도 비슷하지 않았다. 빈랜드 지도는 아나타제가 포함된 노란

색 도료로 지도를 그린 다음 탄소가 포함된 검은색 잉크로 다시 그려 만들어 낸 영리한 위조품이라고 맥크론은 결론을 내렸다. 이 결론은 노탄색과 검은층이 일치하지 않은 데서 출발하였는데 모든 초미세 분석 결과와 맞아떨어졌다.

⑤ 카힐(Cahill)이 이끄는 학제 간 연구팀은 입자유도 X-선 방출(PIXE) 기술을 사용하여 빈랜드 지도의 노란색 도료에 티타늄이 존재하지만 아주 미시한 양만 발견되었다고 발표했다. 이는 맥크론 그룹이 얻은 초기 결과와 일치하지 않았다. 수백 개의 초기 필사본을 조사했던 카힐 그룹은 논란의 여지가 없는 중세의 양피지에서 비슷한 수준의 티타늄을 검출하였다. 맥크론은 X-선 방출이 미량 분석 기술이지만 초미세 분석에 적당한 도구가 아니라며 카힐 연구를 는박하였다. 즉, X-선 방출의 분석 영역은 맥크론에 의해 사용된 미세분석 기술도다 훨씬 크기 때문에 지도의 대부분 영역에서 티타늄의 더 낮은 농도를 나타내었다는 것이다.

⑥ 브라운과 클락은 지도를 라만 마이크로프로브로 측정하여 노란색 도료가 아나타제를 포함하며 검은색 도료는 탄소로 이루어져 있음을 밝혔다. 이와 같은 도료들은 '타르타르 상관관계'의 잉크와는 완전히 다르다는 것을 확인한 것이다. 이 결과는 지도가 위조품이라는 맥크론의 결론과 일치하였다.

마침내 가속기 질량분석기에 의한 방사성 탄소연대 측정으로 빈랜드 지도의 양피지 연대를 결정하였는데, 이 결과 양피지는 1411~1468년 사이에 만들어진 것으로 나타났다(95% 신뢰수준). 그러므로 지도가 현대의 위조품이라면 위조범은 지도를 만들기 위해 진짜 양피지 조각을 사용했다는 것이다.

'기기분석의 이해'(6판 / 스쿠그 저 / 박기채 외 6인 역 / 사이플러스), 567~568p.

미래의 분석화학을 엿보다
-교수님 연구실 탐방기 1

환경 오염 실태를 파악하는 한국지질자원연구원 지질특성분석센터

크로마토그래피는 대표적인 분리분석 방법으로 다양한 산업 분야에서 품질 관리, 물질의 물리 화학적 측정에 이용되는 분리 검출 정량법으로 이용된다. 시료의 양은 극미량에서 대량까지 처리가 가능하며 시료의 상태는 고체, 액체, 기체 모두 가능하다. 최근 고성능 기기가 개발되어 시료를 주입하고, 시스템을 조절하거나 결과를 분석하는 등의 과정을 자동으로 처리할 수 있어 신속, 정밀 정확한 분리 검출 정량이 가능하게 되었다.

크로마토그래피는 환경, 반도체, 석유, 정밀화학, 의학, 약학, 농학 등 거의 모든 분야에 응용되고 있으며 새로운 분리방법과 검출방법의 개발에 의해 그 응용범위가 지속적으로 확대되고 있다.

이 방법은 고정상과 이동상의 상에 따라 크게 기체 및 액체 크로마토그래피 2개로 구별되고 있으며 사용하는 고정상의 특성에 따라 더 세

화학 마을 제1구역,
물질을 분석하는 곳

분할 수 있다. 따라서 분리하고자 하는 시료의 특성에 따라 새로운 특성을 가지는 고정상, 이동상을 개발할 필요가 있으며 이러한 연구는 현대 분석화학의 많은 부분을 차지하고 있다.

① 기체 크로마토그래피(GC)

기체 크로마토그래피의 응용을 위해서는 분석대상물질이 휘발성이어야 하며 열에 안정하여 분석 중 분해가 일어나지 말아야 한다는 제약이 있다. 때문에 초기에는 활용성이 낮았다. 그러나 1970년 이후 보급되기 시작한 모세관 칼럼이 대중화되고, 높은 선택성을 가진 검출기가 보급되며, 질량분석기와 직접 연결이 성공하면서 환경 중의 미량 유해물질을 분석하는 데 매우 유용한 방법으로 정착되고 있다.

수질, 토양, 혈액, 뇨 시료 중의 트리클로로에틸렌 및 클로로벤젠과 같은 휘발성 유기용매류를 분석하기 위해서는 시료의 자동 전처리(추출 및 농축)와 시료 내 분석물질에 따라 알맞은 검출 분석 장치가 필요하다. 다양한 장치가 이러한

용어 팁

유도체화 큰 분자 골격은 유지한 상태로 치환기라는 일부분만 바꾸는 조작

칼럼 고정상 물질을 담고 있는 튜브 형태의 긴 관을 말한다. 과거에는 주로 스테인리스 스틸로 만들었으나 최근에는 분리 능력을 증가시키기 위해 관의 직경이 매우 작은 (모세관) 유리제품인 모세관 칼럼을 주로 이용한다.

목적에 맞게 개발되었고, 아주 미량의 물질도 효과적으로 분석이 가능하게 되었다.

할로초산류나 산성 제초제류와 같이 전자친화력은 높지만 극성이 높아서 GC분석이 어려운 화합물의 경우에는 다양한 유도체화를 통해 GC분석이 가능하다. 먹는 물 중 할로초산을 분석하기 위해 황산 메탄올을 이용해 메틸화(methylation)한 후 분석시료의 성분검출에 사용되는 검출기인 GC/ECD를 이용하는 방법이 개발되었다. 현재 이 방법은 미국 EPA 및 우리나라 식수 공정시험법에 적용되고 있다.

GC와 MS(질량분석기)와의 결합은 정량분석뿐만 아니라 화합물의 질량측정에 의한 정성분석을 용이하게 한다. 즉, GC의 활용도를 급속도로 증가시켜 최근에는 환경 중 극미량의 미량 유해물질을 분석하는 것이 가능해져 다양한 매질로부터의 분석이 활발해지고 있다. 이 결과를 이용해 환경 및 인체 노출평가와 더불어 위해도 평가가 활발해지고 있다. 이러한 위해도 평가는 국가 환경정책 및 관리지침에 기본적인 자료로 활용되고 있다.

② 액체 크로마토그래피(LC)

유기물 중에 휘발성에 있어서 GC분석이 가능한 시료는 20~30%에 불과하다. 자연계 유기물의 대부분이 비휘발성이므로 이들을 분석하기 위해서는 고성능 액체 크로마토그래피(HPLC)를 주로 이용한다. HPLC는 환경, 식품, 의약 등 다양한 분야에서 시료 중 분석대상 물질을 분

리 분석하는 데 널리 사용된다.

대표적인 환경오염 물질인 염소화 바이페닐류(PCBs, polychlorinated biphenyls), 다환(고리)방향족 탄화수소류(PAHs, polyaromatic hydrocarbons), 살충제 등의 분석에서 HPLC는 유용하다. 생체시료, 토양 또는 침적물 등 환경시료 중에 존재하는 이들 물질들을 분석하려면 시료를 추출한 후 지방성분이나 기타 방해물질들을 제거하는 전처리 과정을 거쳐야 하는데 분자 크기 차이를 이용하여 분리하는 SEC를 이용하면 지방성분을 효과적으로 제거할 수 있다. 또한 정상 용리 액체크로마토그래피를 이용하면 PCB와 유기염소계 살충제를 효과적으로 분리할 수 있어 방해물질을 제거할 수 있다.

또한 일상생활에서 많이 사용하는 전자제품, 건축자재, 플라스틱 제품에는 브롬계 난연제가 포함되어 있는데 이 물질들은 내분비계 장애 물질이거나 환경과 인체에 대한 독성이 있어 엄격히 규제되고 있다. 이러한 물질 중의 하나인 PBDE의 분석에도 HPLC는 매우 유용하다. 또한 약품, 생활용품에 포함된 다양한 유기물질 성분이 환경에 유출되어 발생하는 수질과 토양 등의 환경오염 시료의 분석에도 매우 광범위하게 사용되고 있다.

③ 이온 크로마토그래피(IC)

이온 크로마토그래피는 액체 크로마토그래피의 일종이지만 칼럼의 충진물(고정상 물질)이 다르다. IC 칼럼의 충진물은 양이온 또는 음이 자연계에 존재하는 92개의 원소 중 테크늄(Tc)과 프로메티움(Pm)은 방사성 동위원소의 짧은 반감기 때문에 이미 지구상에서 소멸되었다.

온의 교환을 위한 작용기(functional group)를 결합시킨 고분자 물질이다. 분석물질이 작용기와 결합하고 있다가 이동상의 양이온 또는 음이온과 경쟁적으로 치환되면서 결합과 분해를 되풀이하게 되는데 결합력의 차이에 의해 분리가 된다.

이 방법은 먹는 물, 토양, 폐기물, 대기환경 분야와 식품첨가물, 농축물 분야, 화학 및 석유화학 분야, 전자, 반도체 분야, 발전소 분야의 미량분석에 널리 사용된다.

이처럼 우리나라를 비롯한 선진국에서는 환경오염 실태를 파악하고 이를 바탕으로 환경정책을 수립하는 데에 크로마토그래피법을 비롯한 다양한 분석화학적 기법을 응용하고 있다. 분석화학 분야의 많은 화학자들은 기존의 분석방법이 가지는 한계를 넘어서기 위해 새로운 기법을 연구하고, 시료의 전처리 및 기존 기술의 융합 가능성을 조사하고 있다.

모세관 전기크로마토그래피 연구하는 영남대 박정학 교수님 연구실

최근 크로마토그래피에 대한 사용이 늘고 있다. 크로마토그래피는 충진물과 시료의 물질과의 상호작용(흡착력 등)의 차이를 이용하여 물질을 분리하거나 정제하는 기법이다. 이 원리는 핀볼 게임에서 구슬(이동상)이 떨어지는 속도가 중간에 있는 핀(고정상)의 개수 및 간격, 구슬

의 크기에 따라 달라질 수 있는 것과 같다. 다만 핀과 구슬 사이에 아무런 상호작용이 없는 것이 아니라 대개의 경우 구슬의 재료에 따라 다르게 반응하는 소량의 끈끈이가 있다고 가정하면 크로마토그래피와 비슷해진다.

영남대 박정학 교수님은 크로마토그래피의 일종인 모세관 전기크로마토그래피를 연구하고 있다. 모세관 전기크로마토그래피는 이동상의 흐름을 가압펌프로 얻는 고성능 액체크로마토그러피와는 달리 칼럼에 걸어준 전기장에 의해 발생하는 전기삼투흐름이 의해 이동상의 흐름이 생긴다. 가압흐름 대신 전기삼투흐름을 사용하면 가압흐름의 속도는 더 작은 지름의 입자와 더 긴 길이의 칼럼을 사용할 수 있게 되므로 액체크로마토그래피에 비해 더 높은 분리효율을 얻을 수 있다. 따라서 분리능이 훨씬 우수하게 된다.

모세관 전기크로마토그래피는 이처럼 뛰어난 분리 능력을 활용하여 아주 높은 분리효율을 요구하는 의약품, 식품첨가물. 농약 등의 라세미혼합물에서 거울상 이성질체를 분리하고 분석하는 데 유용하게 이용될 것이다. 라세미 혼합물은 거울상 관계의 물질이 혼합된 상태를 말하는데, 생체 내에는 서로 거울상 관계를 가지는 물질들이 다르게 작용한다. 따라서 최근에는 모든 약제에 효능이 있는 거울상 물질만을 정제하여 넣거나 다른 거울상 물질이 문제가 없음을 증명하는 것이 의무화되고 있다.

때문에 제약 및 농약 등 정밀화학 업계에서는 선택된 거울상 물질만을 합성하는 공정을 개발하고, 서로 겹쳐지지 않는 거울상을 가지는 물질을 분리하고 정제하는 기술을 확보하는 것에 사활을 걸고 있다. 아주 미세한 물질도 분리해 낼 수 있는 모세관 전기크로마토그래피는 이러한 기술 발전에 활력을 줄 것이다.

인하대 노철언 교수님의 단일입자 정량분석 연구실

우리가 생활하는 대기에는 다양한 오염물질이 부유하고 있다. 대기 중에 부유하는 고체 또는 액체의 미립자인 에어로졸의 농도와 물리화학적 특성은 인간생활에 많은 영향을 끼치게 된다. 이러한 관계를 규명하기 위한 연구도 활발히 진행되고 있다.

인하대 노철언 교수님의 단일 입자 정량분석 연구실에서는 단일입자 분석기술을 개발하기 위한 연구가 한창이다.

연구실의 최대 과제는 우선 정량적 단일입자 분석법을 개발하는 것이다. 과거 주사전자현미경(SEM)을 기반으로 하는 분석법은 $0.5\,\mu$m 미만의 입자의 경우 분석이 어려웠다. 때문에 대기오염의 주요한 성분인 극미세입자를 분석하기 위해서 투과전자현미경(TEM)을 이용한 정량적 단일입자 분석법을 개발할 예정이다.

대기입자가 서브마이크로submicron 크기(10^{-6}m 이하)의 극미세입자들은 주로 기체상 대기 오염물질이 응축되어 생성되는 암모늄염, 황산염, 질산염 등의 입자로 인체 건강에 악영향을 주는 것으로 생각되고 있다. TEM의 경우 공간분해능이 SEM에 비하여 매우 크기 때문에

나노미터 크기의 입자분석도 가능하다.

또한 광학현미경을 이용한 새로운 분석법을 개발하여 습도에 따른 실제 대기입자의 상변화를 파악하는 것 역시 중요 과제로 진행 중이다. 대기 에어로졸 입자가 환경에 미치는 영향의 정도는 에어로졸의 화학조성뿐만 아니라 에어로졸의 상태에 따라 다르기 때문에 에어로졸의 화학조성과 흡습성을 함께 파악하는 것이 중요하다. 광학현미경을 이용하여 실제 대기 입자의 습도에 따른 입자의 상변화를 연구하고 low-Z particle EPMA라는 분석법을 이용해 입자의 성분분석을 함으로써 실제 대기 입자의 습도에 따른 입자의 물리화학적 변화를 연구하여 대기화학 반응 규명에 활용할 수 있을 것이다.

과학 혁명의 시작

고대 지식의 오류를 발견한 기계철학

17세기 들어 과학에서는 중세의 종교적 색채를 탈피하는 소위 '과학혁명'
이 진행되기 시작했다. 당시 성행했던 자연세계에 대한 다양한 관점들 간
에 오랜 논쟁이 있어왔고 그 결과 과학혁명이 일어난 것이다. 이 시기의
주요 관점들이란 아리스토텔레스주의, 마술주의, 기계주의로 정리할 수
있는데 최종적으로 기계주의 철학이 승리하였고 그 결과 근대과학이 태어
났다.

기계주의는 16세기 중반 아르키메데스의 업적에 따른 것이었다. 즉, 우주
를 불변의 과학법칙에 의해 지배를 받는 거대한 기계적 실체로 본 것이다.
따라서 수학적으로 표현될 수 있다고 보는 관점이었고 갈릴레이, 가생디
등이 이에 동조하며 기계론적 설명을 위해 원자론을 이용하기도 하였다.
후에 보일도 이러한 설명을 받아들였는데 그의 철학을 입자철학이라고 표
현하기도 했다. 이러한 전통은 20세기 초 에테르라는 우주공간의 가상적
물질에까지 이어졌다.

기계철학적 관점은 새로운 사실을 발견함으로써 그동안 옳다고 믿어왔던
고대의 지식에 대한 오류를 확인하고 인정한 결과였다. 그리고 이러한 사
실의 발견은 베이컨이 주장한 실험적 접근법에 힘입은 바 크다. 실제 실험
을 통해 이론의 진실과 오류를 밝히는 것이었다. 인체 해부를 통해 고대

지식의 오류를 지적한 베살리우스와 혈액 순환을
발견한 하비 등에 의해 갈렌의 의학체계가 무너졌고, 코페
르니쿠스, 브라헤, 케플러, 갈릴레오 등의 지동설도 프톨레마
이오스의 천동설을 부정하게 되었으며, 유명한 뉴턴의
중력 및 3법칙은 아리스토텔레스의 역학 체계를 넘어 전 우주
에 적용될 수 있는 새로운 역학 체계를 수립하였다.

연금술의 의학적 치료, 치료화학자 등장과 정량적 연구 시작

17세기의 연금술사는 더 이상 금 만드는 것만을 목표로 하지 않았으며 화
학을 의학적으로 이용하고자 하는 치료화학자의 역할을 수행했다. 또한
이 시기에 많은 화학교서서가 발간되었다. 리바비우스의 〈연금술〉은 대표
적 저술이다. 이 책은 이론보다 실질적 물질의 제법을 강조하여 득립적 학
문으로 성장하는 발판을 마련하였다. 또한 이 시기에 글라우버는 황산, 염
산, 질산 등을 대량으로 생산하는 데 성공하였고 오늘날 글라우커염이라
고 하는 수화 황산나트륨을 합성하였다. 이처럼 실질적 유용성, 특히 의학
적 효과가 있는 물질의 합성들을 주 연구대상으로 삼았다.

반 헬몬트는 저울을 이용한 정량적 추적을 연구에 도입한 과학자이다. 그
는 물과 공기라는 2원소 중에서 물만이 다른 물질로 변할 수 있다고 믿었
다. 이러한 믿음은 화분에 심은 나무를 5년 동안 물만 주어 기른 후 무게가
증가한 것을 실험적으로 확인하고 물이 나무로 변하였다는 결론에 근거한

것이다. 이러한 결론은 식물이 이산화탄소를 이용하여 광합성을 하기 때문이라는 현대적 과학상식으로 보면 우스운 결론이지만 이러한 과정에 대한 이해가 불가능했던 그 당시에 정량적 설명을 시도하였다는 점만으로도 높이 평가되어야 한다. 또한 그는 기체라는 용어를 최초로 사용하였으며, 숯을 태우고 탈출한 야생기체(이산화탄소, CO_2), 질산과 은의 반응에서 생성되는 갈색 기체(산화 질소, NO_2), 유기물질의 건류 시 생성되는 가연성 기체(gas pingue, 수소, 메탄, 일산화탄소의 혼합기체) 등의 다른 기체가 존재한다는 것도 확인하였다.

근대 화학의 토대를 마련한 과학자들 – 보일과 후크

17세기에는 화학의 발전에 있어서 많은 화학자가 기여를 했는데 이 중 빠질 수 없는 중요한 화학자가 바로 보일이다. 그는 1661년 출판된 〈의심많은 화학자〉에서 화합물이 3~4개의 원소로 되었다는 기존의 이론이 잘못되었다고 제안하면서 근대화학의 토대를 다졌다. 그는 모든 물질이 같은 종류의 최종 입자들로 구성되어 있으며 이 입자들이 무리를 만들거나 '일차적 연합'에 의해 구성된다고 제안했다. 원소의 수는 예를 들지 않았지만 3~4개보다는 훨씬 많을 것으로 예상하였다. 또한 화학반응을 물질을 구성하는 입자무리의 재배열로 설명하고자 했다. 그러나 이러한 혁명적 생각은 큰 반향을 이끌어 내지는 못했는데 이는 실제적인 원소목록을 제시하지 못했기 때문이다.

토리첼리에 의해 진공이 생성될 수 있음이 보고된 이 후, 구에리케는 진공 펌프를 만들어 진공에서는 종소리가 들리지 않고 불이 꺼지는 것을 확인

하였다. 이러한 사실에 고무된 보일은 후크와 함께 개선된 진공펌프를 제작하고 진공에 대한 실험을 하여 일정온도에서 일정량의 기체의 압력은 부피에 반비례한다는 그 유명한 '보일의 법칙'을 발견하였다. 또한 진공에서 물질의 연소에 대한 실험을 진행하였고 연소를 하는 데 있어 공기가 중요하다는 것과 화약이 진공에서도 발화한다는 사실을 확인하였다.

또한, 후크는 1665년 그의 저서 〈미세기하〉를 통해 연소현상에 더해 말했는데, "황(원소로 생각)을 가지는 가연성 물질의 일부가 녹아서 공기로 변하고 공기는 가연성 물질의 용매로 작용하여 열과 불꽃을 생성하며 공기 중의 물질이 생기게 한다"라고 제안하였다. 그 시대 최고의 화학자로 알려졌던 보일과 후크가 연소에 대해 이렇게 생각했다는 것은 이 글을 읽는 학생들로 하여금 웃음을 짓게 할지도 모르겠지만 이처럼 400년 전만 해도 자연현상에 대한 이해는 아주 유치한 수준에 불과했다. 그러나 영국의 메이요는 제한된 양의 공기 중에서 양초를 연소시켜 공기 중의 일부만이 연소에 관여한다는 사실을 발견하였고, 금속이 연소될 때 무게가 증가하는 것은 금속이 공기 입자와 결합하기 때문이라는 혁신적인 제안을 하기도 했다.

고대 화학이론은 화학변화에 대한 충분한 근거를 제시하지 못하였으나 이 시기에 이르러 자연계의 여러 가지 현상을 체계적이며 포괄적으로 설명하고자 하는 이론이 서서히 형성되어 가기 시작했다. 분명 과학의 혁신적 발전은 소수의 천재 과학자가 주도하여 소위 혁신적 도약이 이루어져 왔음은 명백하지만 다수의 과학자들의 연구와 노력이 간과되어서는 안 될 것이다.

'플로지스톤'설

화학은 불의 사용에서 시작되었고 사람들은 오랜 경험을 통해 연소 현상에 의해 물질이 더 간단한 물질로 분해되고 있음을 인식했다. 이에 베허는 연소가 일어나면 흙의 기름기가 빠져나오는 것으로 생각했고, 이 생각을 이어받은 스탈은 흙의 기름기를 '플로지스톤(phlogiston; 그리스어의 불에 탄 것을 의미하는 플로기스토스(phlogistos)에서 유래)'으로 대체하여 이론을 전개하였다.

플로지스톤은 들어있던 물질에서 빠져나올 때만 검출 가능한 물질로 불, 열, 빛의 형태로 나타난다고 제안하였다. 따라서 연소는 물질에서 플로지스톤을 잃는 것이므로 연소 후의 재는 플로지스톤이 없어진 원래의 물질로 이해할 수 있다. 그러므로 연소 후 소량의 재만 남는 숯은 플로지스톤이 풍부한 물질이었고 금속은 금속 재(찌꺼기)와 플로지스톤의 결합체가 된다.

숯과 금속 재를 함께 가열하면 숯에서 나온 플로지스톤이 금속 재와 결합하여 다시 금속이 된다고 관찰된 사실을 설명할 수 있었다. 또한 공기는 플로지스톤을 흡수할 수 있으며 공기에 플로지스톤이 포화되면 연소가 멈추는 것으로 생각하였다. 진공상태에서는 플로지스톤을 흡수할 수 있는 공기가 없기 때문에 연소가 불가능하다고 설명하였다. 이와 같이 플로지스톤설은 그 당시까지 관찰 가능하였던 자연현상에 대한 통일된 이론으로서 합리화가 가능하였다. 다만 이 이론의 약점은 금속의 재가 원래 금속보다 무거워지는 것이었으나 그 당시에는 정량적 문제를 거의 고려하지 않았기 때문에 큰 문제가 되지는 않았고 후에 플로지스톤이 음의 무게를 가진다는 가정으로 이러한 현상을 합리화하고자 하였다.

그러나 레이덴 대학의 부르하버는 수많은 실험에도 불구하고 수은과 납 등의

화학 마을 제1구역,
물질을 분석하는 곳

금속을 더 간단한 물질로 분해할 수 없다며 금속이 금속재와 플로지스톤으로
구성된 화합물이라는 생각에 반대하였다. 그러나 이것을 대체할 이론을 확립
하지는 못했고 이 임무를 라부아지에로 넘기게 되었다.

자, 이제
제 2구역으로 가볼까?
GO! GC!

화학 마을 제2구역, 무기물질을 연구하는 곳

무기화학은 무엇일까?

무기화학은 자연에서 발견되는 광석과 광물을 다루는 기술과 처방에서 발전했다. 즉, 무기화학은 광석과 광물 등의 물질에서 관찰되는 변화에 관심을 가지는 분야라 할 수 있다. 인류 문명 발전의 초기에 금속화합물인 광물을 환원해 금속을 확보하는 것은 매우 중요한 일이었다. 이때 화학의 실용적 개념이 확립되었다고 생각된다. 때문에 무기화학도 화학 중에서 역사가 오래된 분야로 볼 수 있다. 또한 보통 유기화합물이 아닌 것을 무기화학자가 다루기 때문에 화학 중에서 가장 다양하고 광범위한 내용이 대상이 된다고 할 수 있다.

자연계에서 존재하는 원소의 개수는 92개다. 이 중 유기화학에서는 탄소, 수소, 산소, 질소, 황, 인 등 10개 이내의 원소만을 다룬다. 무기화학에서 다루는 원소가 훨씬 많은 셈이다. 또한 불안정한 핵의 변화를 다루는 핵화학도 무기화학으로 분류하므로 인공원소까지 포함하면 대상이 되는 원소의 양은 더욱 증가한다.

화학 마을 제2구역,
무기물질을 연구하는 곳

무기화학을 몇 가지 단어로 정의하기는 어렵다. 학자들마다 다양한 정의가 가능하다. 현대에서는 다양한 세부 분야가 정립된 분야이기에 여기에 기술한 내용을 모든 무기화학자가 동의하지 않을 수도 있다.

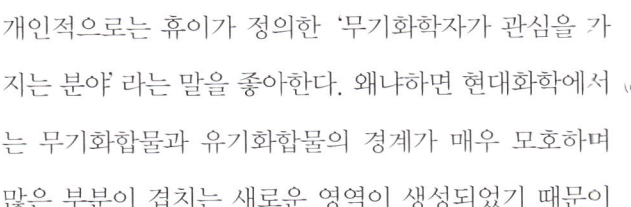

100nm 이하의 크기를 가지는 물질을 다루는 나노화학은 미래의 기술을 선도할 분야로 주목받고 있다.

개인적으로는 휴이가 정의한 '무기화학자가 관심을 가지는 분야' 라는 말을 좋아한다. 왜냐하면 현대화학에서는 무기화합물과 유기화합물의 경계가 매우 모호하며 많은 부분이 겹치는 새로운 영역이 생성되었기 때문이다. 그 대표적인 것이 유기금속화합물이다. 유기금속화합물은 착물(complex)이라는 금속이온과 리간드라 불리는 물질의 조합의 일종으로, 특히 금속과 탄소의 결합을 가진 것을 말하는데 리간드는 무기물질 또는 유기물질로 구성되었다. 이처럼 현대화학에서는 무기화학에서 다루는 영역이 점점 넓어지고 있다.

과학과 기술이 발전함에 따라 과거에는 볼 수 없었던 다양한 성질을 가진 물질들이 필요하게 되었고, 따라서 새로운 기능성 재료를 합성하거나, 이들의 성질과 반응 등을 다루게 되는 재료화학이 각광을 받고 있다. 특히 100nm 이하의 크기를 가지는 물질을 다루는 나노화학은 미래의 기술을 선도할 분야로 주목받고 있다.

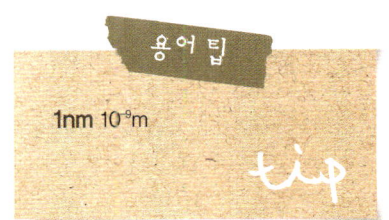

용어 팁

1nm 10⁻⁹m

tip

전공과목
알아보기

기본 과목

무기화학 I (Inorganic Chemistry I) 무기화학의 일반적 내용들을 배울 수 있다. 대상이 되는 원소들의 원자구조, 결합의 종류와 이온, 공유결합 화합물의 구조와 반응성, 화학적 성질에 영향을 미치는 상호작용과 고체상태의 제현상을 배우게 된다.

무기화학 II (Inorganic Chemistry II) 무기화학 I 의 연속강좌로 현대 무기화학의 핵심으로 자리잡고 있는 배위화합물(착화합물)의 구조, 반응, 반응속도론 및 메카니즘, 응용 등을 배우게 된다.

무기화학실험 (Inorganic Chemistry Lab.) 무기화학에서 다루는 주요 화합물인 배위화합물과 유기금속화합물을 합성하고 각종 분광학적 기기분석방법을 이용하여 합성된 화합물의 성질과 특성을 조사한다. 이를 통해 무기화학에서 배운 원리를 보다 쉽게 이해할 수 있으며 화학실험의 합성과 분석에 있어서의 기본 기법을 습득할 수 있다.

심화 과목

고체화학 (Solid State Chemistry) 자연계에 존재하는 많은 고체물질의 성질과 구조와의 관계를 배우며, 고체화학의 기본원리와 새로운 재료로서의 응용 예를 살펴볼 수 있다.

유기금속화학 (Organometallic Chemistry) 금속과 탄소의 결합을 가지는 착화합물의 특성과 구조, 반응을 이해하는 데 필요한 기본 이론과 반응 등을 살펴보고, 유기금속착물에 의한 균일 촉매 반응, 생화학계에서의 유기금속착물의 작용 및 응용 등을 배운다.

나노화학(Nano Chemistry) 나노 시대에는 10^{-9}m의 나노 크기 수준에서 전개되는 새로운 시각과 접근이 요구된다. 이에 부응하여 나노화학에서는 기반이 되는 화학적 즉, 분자 수준 관점에서의 기초 화학적 지식을 배운다. 또한 대상물질을 분자부터 이보다 큰 나노입자로 확장시키며 이에 따른 특성의 변화를 살펴보는 접근법인 Bottom-Up 접근을 배우며, 나노 계측을 위한 분석적 방법을 습득할 수 있다. 그리고 다양한 나노 소재와 그 제조를 위한 공정 기술을 소개하며 나노 화학을 기반으로 한 나노기술 응용 분야를 터득한다.

화학 마을 제2구역,
무기물질을 연구하는 곳

배위화학은 배위화합물을 합성하거나, 그의 구조와 반응 등을 연구하는 분야이다. 배위화합물이란 중심에 금속 또는 금속이온이 있고 그 주위에 리간드라고 하는 비공유전자쌍을 가진 원자를 포함하는 분자(이온)가 중심원자와 배위공유결합으로 연결된 분자(이온)를 말한다. 즉, 1개의 금속원자 또는 이온에 여러 개의 이온 또는 분자가 배위하여 생긴 화합물을 말한다. 중심의 금속원자나 이온을 여러 개의 원자

각 선은 전자쌍을 나타내며 금속과의 결합에 사용한 전자쌍은 리간드에서 제공한다.

나 원자단이 둘러싸고 있을 경우 착물이라 한다. 예를 들면, 고분자 합성반응에 사용하는 지글러-나타 촉매, 식물의 광합성에 필요한 엽록소, 동물의 헤모글로빈 등은 모두 배위화합물이다.

배위화학은 19세기 말 베르너가 금속착화합물의 구조에 대해 새로운 개념을 제안하면서 발전하기 시작했다. 무기화학 중에서도 가장 기초적인 것의 하나로 특히 구조화학적인 요소가 강하며, 유기화학, 생화학, 분석화학 등과도 밀접한 관계를 가지고 있다.

앞서 본 것처럼 배위화합물은 촉매, 재료, 생무기 화학 등에서 중요한 위치를 차지하며 중요한 반응에 관계하는 만큼 이 분야에 대한 연구는 앞으로 더욱 활발해질 것으로 전망된다. 현대 무기화학의 핵심을 이루고 있는 유기금속화학, 무기생화학 등도 배위화학의 세부 분야로 볼 수 있다.

화학 마을 제2구역,
무기물질을 연구하는 곳

화학자의 꿈, 노벨상의 모든 것

스웨덴의 화학자이며 엔지니어였던 알프레드 노벨에 의하여 설립된 노벨상은 1901년 처음 시행되었다. 평화, 문학, 물리, 화학, 의학 및 생리학 등 5개 분야로 나뉘어 공을 세운 이들에게 수여됐으며, 1969년 스웨덴의 릭스 은행 설립 300주년을 기념하기 위해 경제학상이 신설되어 현재 모두 6개 분야를 대상으로 매년 시상하고 있다.

1. 노벨상 심사와 수여는 어느 기관에서 하나?

물리학상은 스웨덴 왕립 과학 아카데미 노벨 물리학상 심사위원회에서, 화학상은 스웨덴 왕립 과학 아카데미 노벨 화학상 심사위원회에서, 생리학 및 의학상은 카로린스카 연구소 노벨 생리학상 및 의학상 심사위원회에서, 문학상은 스웨덴 아카데미 노벨 문학상 심사위원회에서 심사하고 수여한다. 그리고 가장 최근에 신설된 경제학상은 스웨덴 왕립 과학 아카데미 노벨 경제학상 심사위원회에서 한다.

평화상은 노르웨이 국회 노벨 위원회에서 관장한다. 평화상은 평화 증진에 기여한 개인이나 단체에 주는 상으로 노벨상은 생존자 개인에게 주는 것이 원칙이지만 평화상만큼은 단체나 조직에게 수여될 수 있다.

다른 부분의 시상자 선정과 수상식은 스웨덴에서 이루어지며, 평화상 수상자 선정과 시상식은 노르웨이에서 이루어진다. 우리나라 최초로 김대중 전 대통령이 2000년 노벨평화상을 수상하기도 했다.

2. 노벨 화학상을 심사하는 스웨덴 왕립 과학 아카데미는 어떤 곳일까?

1739년에 설립된 비정부 독립기관으로 스톡홀름에 위치하고 있다. 수학과 자연
과학의 연구 증진을 주요 목적으로 하며, 과학 잡지의 발행, 과학 정보의 보급과
과학자 간 교류 등을 통해 국제적 과학 협력에도 적극 힘쓰고 있다. 노벨 물리학
상과 노벨 화학상을 심사하는 노벨위원회는 각각 5명의 위원으로 구성되어 있다.

3. 노벨상의 상금은 어디서 나올까?

노벨이 남긴 유산은 당시의 스웨덴 화폐로 3,323 크로노트(약 770만 달러)에 달
했는데 그때의 물가가 지금의 약 20분의 1임을 감안하면 엄청나게 큰 돈이다. 노
벨상 상금은 바로 이 유산을 기금으로 노벨 재단이 1년 동안 운영한 이자 등의 수
입에서 나온다. 한 해 이자 수입의 67.5%를 다음 해의 물리학, 화학, 생리학 및 의
학, 문학 그리고 평화상 등 5개 부문의 상금으로 5등분하여 시상한다. 그리고 경
제학상의 상금은 '중앙은행 창립 300주년 기금'에서 충당한다.

노벨상이 유명해지게 된 것은 엄청난 양의 상금 때문이라는 이야기가 있을 정도
인데 노벨재단은 100여 년을 지내오면서 그동안 달라지는 경제사정에도 불구하
고 기금을 잘 운용해 상금이 매년 증가해 왔다.

화학 마을 제2구역,
무기물질을 연구하는 곳

신물질 개발의 비법, 고체화학과 재료화학

고체화학 또는 고체상 무기화학은 고체로 된 물질의 합성, 반응, 구조, 특성을 조사하는 분야다. 최근 많은 관심을 받고 있는 재료들이 대부분 고체물질인 만큼 고체화학과 재료화학은 매우 밀접한 관계를 가지고 있다. 이처럼 한 분야의 발전은 다른 분야에 필연적으로 영향을 미치게 된다.

최근 주목을 받고 있는 고체에는 전기절연체, 고온 초전도체, 자성체, 다공성 고체 등이 있다. 이들은 차세대 산업에서 중요한 역할을 담당할 것으로 전망된다. 따라서 이들에 대한 연구는 화학뿐만 아니라 물리 및 재료공학에서도 주요 연구과제가 되고 있다.

얼마 전 세계적으로 유명한 학술지에 독일의 연구진이 새로운 무기이온전도체를 개발하는 데 성공했다는 내용이 실려 주목을 받았다. 새롭게 개발된 무기이온전도체는 휴대용 전자기기에 사용되고 있는 2차전지의 성능을 획기적으로 개선할 수 있을 것으로 기대된다.

용어 팁

무기이온전도체 아기로다이트라는 구조의 리튬, 게르마늄, 할로겐 이온으로 구성된 물질도 이 물질 중 하나이다.

tip

또한 태양전지용 재료를 만드는 것은 물론, 태양에너지를 이용해 물을 분해하여 수소를 얻기 위해 촉매계를 만드는 일, 생산된 수소와 메탄 등 에너지 발생 기체나 이산화탄소와 같은 온실효과 유발 기체를 저장하기 위해 다공성 고체를 합성하는 일 등도 최근 진행되고 있는 주요한 연구주제이다.

이처럼 기존의 고체물질의 특성을 활용하여 새로운 고체물질을 합성해 용도에 맞는 물성을 만들어 내는 고체화학과 재료화학은 인류복지에 크게 기여하게 될 것이다.

화학 마을 제2구역,
무기물질을 연구하는 곳

중요한 다섯 가지 고체들

전기절연체

전기가 통하지 않는 물질. 반도체 소자를 비롯한 다양한 전자 소자에 중요하게 이용된다.

반도체

전기가 통하는 정도가 절연체와 금속도체의 중간 정도로 온도가 올라가면 전기가 통하는 정도가 커진다. 현대 전자소자 중 주요 소재이다.

고온 초전도체

전기가 통할 때 전혀 저항이 없는 물질. 많은 물질들이 -273℃ (절대 온도 0도) 부근에서 이러한 성질을 나타내지만 고온 초전드체는 액체질소의 끓는점(-196℃, 절대온도 77도) 이상에서 이러한 성즐을 나타낸다. 생산된 전기의 수송, 자기부상열차 등에 응용된다.

자성체

자기적 성질을 나타내는 물질로 자기저항의 방향이 다른 막막을 붙여 전기를 흘려주면 총 저항이 높아지는 거대 자기저항 현상을 나타내는 물질이다. 이 현상을 이용하여 하드디스크 소형화에 기여했다.

다공성 고체

물질의 내부나 표면에 작은 빈틈이 많이 있다. 차세대 청정연료로 주목받고 있는 수소저장물질 및 촉매 물질로의 응용이 기대된다.

빛 99.955% 흡수…'수퍼 검정물질' 개발

99.955%의 빛을 흡수하는 종이처럼 얇은 수퍼 검정 물질이 개발됐다. 빛을 자유 자재로 통제하는 기술이 비약적인 발전을 거듭한 것이다. 미국 Renssler Poly-technic Institute 대학의 과학자들이 발명한 이 물질은 현존하는 것 중에서 가장 검은 것으로, 미국 정부가 정한 기준보다 30배나 더 어둡다.

섬유 단면의 한가운데가 비어있는 중공섬유로 만들어진 이 물질은 너무 검어, 마 치 아무것도 없는 듯한 착각을 불러일으킨다. 빛을 활용하는 이 기술은 아직 완벽 한 것은 아니지만 당장 군(軍)에서 유용하게 쓰일 수 있다. 레이저 빔으로부터 자 유로운 무기를 만들거나 적군이 한밤중에 시야확보를 위해 쓰는 고글을 무용지물 로 만들 수도 있다.

또 민간 분야에서는 새롭게 개발된 수퍼 검정 물질이 태양열을 사용해서 에너지 를 축적하는 분야에 쓰일 경우 기존의 검정색 페인트보다 훨씬 더 효과적일 것이 다. 천체망원경으로 사라져가는 작은 별들을 관찰하는 데 쓰일 수 있고, 기상 위 성 관측장비에도 장착될 수 있다.

화학 마을 제2구역.
무기물질을 연구하는 곳

차세대 과학기술의 핵심, 나노화학

지금까지 고체 및 재료화학에서는 1㎛ 정도의 고체물질을 연구해왔다. 하지만 최근 무기화학에서는 분자 및 원자 정도의 크기인 0.1~10nm 영역 사이에 있는 물질에 대한 관심이 늘고 있다. 이는 이 물질들의 독특한 성질 때문이다.

화학자들은 오랫동안 원자 수준의 상호작용이 우리 주변에서 실제로 사용하는 물질의 성질에 중요한 영향을 미친다는 것을 알았다. 그래서 원자, 분자, 전자 구조 수준에서 일어나는 다양한 현상에 관심을 가지고 이 현상들을 체계적으로 이해하기 위하여 많은 노력을 기울여 왔다. 그러나 이러한 원자, 분자 그리고 물질을 단순히 연장된 성질로 유추했을 때 적용되지 않는 현상이 있음을 알게 되었다. 화학자들은 이 사실을 주목하고 1~100nm 수준에서 일어나는 현상과 양 극단과의 관계를 정립하고자 많은 노력을 기울이고 있다.

이러한 노력의 결과는 차세대 과학기술의 핵심으로 부상할 가능성이 높다. 미국을 비롯한 선진국에서는 이 분야를 선점하기 위해 많은 노력을 기울이고 있다. 미국의 경우, '미국의 미래를 위한 다섯 가지 정책 주제'를 발표했는데, '첨단과학기술에의 도전'이 한자리를 차지하고 있으며 이 첨단과학기술의 핵심으로 정보통신기술(IT), 바이오기술(BT), 나노기술(NT)을 지목했다. 이 기술들은 세계 경제와 사회 모든 분야에서 변화를 주도하고 있으며, 지구적 문제를 해결할 유일한 수단으로 지목되고 있다.

나노기술의 발달은 지금까지 알 수 없었던 극미세 세계에 대한 탐구를 가능하게 하고, 고강도 재료 등 새로운 물질제조를 가능하게 할 것이다. 특히, 반도체와 마이크로 모터 등의 혁신적인 발전이 이뤄질 것이다.

반도체는 일정 면적 또는 부피 내에 얼마나 가는 선과 전자소자를 배치해서 그 집적도를 높이느냐의 싸움이다. 때문에 나노 기술을 이용하면, 현재와 같은 크기에서 보다 큰 용량을 가진 제품을 만들어 낼 수 있다. 즉, 컴퓨터 주기억장치를 현재 크기보다 훨씬 작은 크기로 만들 수 있는 것이다. 눈에 보이지 않는 정도의 크기인 마이크로 모터를 만들어 신체 내부에 직접 투입해 피를 흘리지 않고 수술을 할 수 있는 로봇을 만드는 것도 가능해질 것이다.

또한 코팅 기술도 발전할 것이다. 세라믹, 금속, 유리, 기타 기구 등에 세라믹과 금속 합금 등의 물질로 코팅하여 발열, 원적외선 효과, 음이온 효과, 내구성 강화 등의 효과를 낼 수 있다. 따라서 흠집이 생기지

않는 자동차 도색도 가능해진다.

처음의 나노기술은 재료에서 시작되었지만 이러한 재료에서 얻어지는 성질과 현상을 설명하는 데 필요한 이론과 실험적 결과는 단지 신재료의 확보에 그치지 않고 IT, BT와 결합하여 사회전반을 변화시킬 수 있는 근본적 핵심기술로 자리 잡게 될 것이다.

나노 크기에 도달하는 방법

나노 크기에 도달하는 방법에는 두 가지가 있다. 하나는 'bottom-up'이라는 작은 분자를 조합하는 방법이고 또 하나는 'top-down'이라는 방법으로 실제 물질을 나노 크기에 이를 때까지 계속 작게 잘라나가는 방법이다. 그러나 top-down의 방법으로는 물질의 구조를 제어하는 데 한계가 있기 때문에 최근에는 bottom-up의 방법에 집중되고 있다.

자기조립 기법

나노물질의 합성에서는 자기조립 기법이 주목받고 있다. 자기조립 기법이란 반응할 수 있는 반응기를 가진 분자를 설계하고 나머지는 이 분자들을 섞어 저절로 반응이 진행되어 큰 분자인 초분자가 형성되는 방식이다. 또한 다양한 기법을 활용하여 다양한 물성의 나노물질이 지속적으로 개발되어 다양한 용도로 활용되고 있다.

생명현상의 원천을 다루는 생무기화학

생무기화학은 말 그대로 생화학과 무기화학의 접점에서 존재하는 분야로, 바이오기술이 차세대 기술의 하나로 지목되면서 주목받고 있다. 최근 노벨 생리의학상과 노벨 화학상의 상당수는 생화학 분야에서 관심을 가지고 있는 주요연구 물질인 DNA, RNA의 작용의 이해에 집중되어 있어 이에 대한 이해가 높아지고 있다. 또한 줄기세포와 유전공학의 발전에 따라 이 물질들의 응용, 효소의 작용의 이해, 암 및 AIDS(후천성면역결핍증) 치료제 개발 등을 다루는 생무기화학에 대한 관심이 높다.

생명체에 대한 지식이 증가함에 따라 생명을 유지하는 주요 반응에 대한 이해도 늘어났다. 인간게놈사업 등을 통해 유전정보에 대한 이해가 급증하고 줄기세포 등의 연구를 통해 생명복제의 가능성이 실현되면서 세부적 연구가 활발히 진행되고 있다.

생명체에서 일어나는 필수적 반응들은 금속이온을 포함한 효소라는

화학 마을 제2구역.
무기물질을 연구하는 곳

생체촉매에 의해 진행된다. 이 사실에 기인하여 화학자들은 효소의 작용을 정확히 이해해 이러한 효소를 모방하는 인공적 물질을 합성하는 연구에 몰두하고 있다.

이러한 연구의 결과들은 암과 AIDS 같은 치명적인 병을 치료하는 것은 물론, 불로장생을 향한 인류의 염원을 이루는 데 크게 기여하게 될 것이다. 또한 질소고정 촉매와 광합성 촉매를 만들고, 물의 광분해를 통한 청정 에너지원인 수소 생산을 위한 촉매 등을 확보하여 인류가 제한된 화석연료와 농작물에 의존하지 않고 식량과 에너지 걱정 없이 살 수 있도록 할 것이라 기대된다.

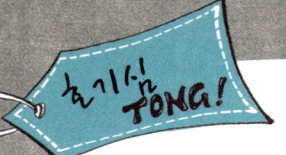

생명의 근본이 되는 물질은 무엇일까?

과학이 매우 발달한 현재에도 해결하지 못하고 있는 많은 난제가 있지만 가장 많은 사람들이 관심을 가지고 있는 주제는 아마도 생명의 기원에 관한 내용일 것이다. 지구상에 많은 생물종이 살고 있지만 먼 과거에는 아마도 이 생물종들의 근본이 되는 물질이 존재하였을 것이라고 간단히 추정할 수 있다.

지구상에 생명은 어떻게 탄생하였을까? 이 질문은 리처드 도킨스가 지적한 바와 같이 생물학의 문제가 아니다. 화학적으로 접근해야 한다! 왜냐하면 생명의 기원이 되는 물질은 매우 간단한 분자이기 때문이다.

이 질문에 대답하기 위하여 1953년 미국의 23살 대학원생이었던 스탠리 밀러는 역사상 유명한 실험을 진행하였다. 원시 대기의 조성으로 알려진 메탄, 암모니아, 수소와 물로 전기 방전을 통하여 생명의 기본 소재인 아미노산이 생성되는 것을 확인하였다. 이러한 사실에 고무된 밀러는 20여년 안에 과학이 생명의 기원을 밝혀줄 것이라고 예언하였다. 하지만 21세기에 들어온 현재에도 이 문제는 확실한 답을 얻지 못하고 있다.

이 문제의 난점은 아미노산의 결합에 의해 생성된 단백질이 어떻게 생명체의 중요한 기능의 하나인 자기복제의 기능을 가질 수 있는가 하는 것이다. 처음에는 단백질이 자기복제 기능을 가지고 있는 것으로 생각되었지만 그렇지 않다는 것이 곧 확인되었다. 한편, 자기 복제의 문제는 DNA의 발견에 의해 해결되는 것처럼 보였지만 DNA는 효소라는 단백질의 도움 없이는 단백질 합성과 자기복제가 불가능하다는 것이 밝혀졌다. 따라서 이제는 DNA가 먼저인지 단백질이 먼저인지가 문제가 되었다. 소위 닭이 먼저인지 달걀이 먼저인지의 문제가 된 것이다.

화학 마을 제2구역.
무기물질을 연구하는 곳

이 문제는 DNA보다 좀 더 간단한 RNA가 발견되고 어떤 종류의 RNA는 효소작용과 유전자의 기능을 동시에 하는 것이 가능하다는 것이 알려지면서 RNA의 기원설이 주목받게 되었다. 그러나 RNA는 원시대기의 조건은 말할 것도 없고 실험실에서 제공된 최선의 조건에서도 합성되지 않았다. 또한 RNA가 합성된다 할지라도 수많은 화학적 조작이 있어야 자기 복제가 가능하다. 이러한 사실은 밀러가 주장하는 "지극히 특수한 조건이 아니라 간단한 조건에서 일어나는 것이 아니면 안 된다"라는 조건에 위배되어 생명의 기원은 또다시 오리무중의 상태가 된 것이다.

그러나 최근에 DNA, RNA를 연구한 화학자들에게 노벨상이 수여되었듯이 DNA, RNA에 대하여 더 많은 지식을 알게 되면 생명의 기원에 대하여도 많은 진전이 이루어질 것이다.

미래의 무기화학을 엿보다
-교수님 연구실 탐방기 2

성균관대 손성욱 교수님의 응용 유기금속화학

유기금속화학은 크게 디스플레이용 유기전자재료의 개발, 무기나노 재료의 개발, 그리고 유기금속 재료의 개발 등에 응용된다. 응용 유기 금속화학 분야의 연구에 매진하고 있는 손성욱 교수님의 연구실에서 는 어떠한 연구들이 진행되고 있을까?

전이금속 촉매반응을 이용한 다양한 색의 구현을 위해 새로운 유기변 색 전자재료를 설계, 합성하고, 전기화학적인 특성을 규명하며, 이를 이용한 소자를 제작하거나 성능을 평가하는 일들이 진행되고 있다.

유기재료의 변색은 중성분자의 산화 또는 환원에 의해 나타난다. 기 존의 고분자를 사용한 많은 디스플레이 전자 변색 재료들은 응답속도 가 느려 동영상 구현이 불가능했다. 때문에 실질적 소자 개발에 한계 가 있다. 반면 분자를 이용한 소자의 경우는 응답속도가 매우 빠르지 만 전압의 단절시 색을 유지하는 메모리 효과에서 단점이 있다. 따라

화학 마을 제2구역.
무기물질을 연구하는 곳

서 이러한 단점들을 보완할 수 있는 빠른 응답속도, 선명한 색의 구현, 메모리 효과를 가진 유기재료를 확보하는 것이 급선무이며 이를 위한 연구가 활발하게 이뤄지고 있다.

또한 확립된 다양한 무기나노재료의 합성 기법과 분석 기법을 바탕으로 실질적 응용성 연구가 진행되고 있으며, 새로운 또는 알려진 유기 금속 시스템의 재료로서의 응용성에 대한 연구도 진행 중이다.

중앙대 옥강민 교수님의 비중심대칭 구조를 가진 고체 무기재료 물질

화학의 과제 중 중요한 주제 중 하나는 구조와 성질과의 관계를 밝히는 것이다. 이 관계를 이해하게 되면 기존의 물질의 성질을 이해할 수 있을 뿐만 아니라 보다 향상된 물성의 재료를 합성하는 데 큰 도움이 된다.

비중심대칭구조를 보이는 물질들은 결정 내에서 대칭중심이 결여된 것들로서 비선형 광학, 강유전성, 열전성, 압전성과 같은 중요한 특성을 보인다.

즉, 물질에 들어가기 전에 사용한 빛의 성질과 나온 후의 빛의 성질이 바뀌는 비선형 광학, 강한 자기적 성질인 강유전성, 열과 전기적 성질과의 상호 변환성인 열전성, 압력과 전기적 성질과의 상호 변환성인 압전성 등 기술적인 특성을 갖고 있는 것이다.

대칭에 의존하는 흥미로운 물질 특성 간의 관계는 매우 밀접하며 이 관계를 이해하는 것은 새로운 물성의 재료를 개발하는 데 있어 매우 중요하다.

따라서 물질에 존재하는 물성과 구조와의 관계를 설명하는 이러한 이론적 배경을 다양한 재료를 설계하고 합성할 때 적용하게 된다면 최소의 노력으로 최대의 효과를 내는 것이 가능할 것이다.

인하대 박상언 교수님의 나노-그린 촉매 연구실

환경오염의 근본적인 해결의 한 방안으로 환경오염 물질을 배출하지 않는 공해 없는 산업을 창출하는 것이 새롭게 떠오르고 있다. 이를 위해 사용한 원료물질을 최대한 활용하고 에너지 소모를 최소화하여 부산물과 환경에 영향을 주는 물질의 배출을 최소화하는 공정을 개발하기 위해 힘쓰고 있다. 이를 우리는 그린 공정이라 한다.

이러한 공정을 개발하기 위해서는 무엇보다 먼저 촉매의 효율을 향상시키고 효율적으로 합성할 수 있는 방법을 개발해야 한다.

최근 마이크로파를 이용하면 일반적 화학반응조건에서 물질이 합성할 때에 비해 수율도 높아지고 반응시간도 짧아지는 효과가 있으며, 환경에 유해할 가능성이 있는 유기용매의 사용도 필요 없는 경우가 상당히 많다는 것을 발견했다. 따라서 이러한 기법을 이용하여 과거 방법으로는 불가능하였던 많은 새로운 물질의 합성을 효율적으로 진행하는 것이 가능하게 되었고, 특히 촉매의 활성을 획기적으로 증가시키는 것도 가능하게 되었다.

박상언 교수님의 나노-그린 촉매 연구실에서는 이러한 미래의 촉매

화학 마을 제2구역,
무기물질을 연구하는 곳

를 얻어내기 위한 다양한 연구가 한창 진행 중이다.

다공성 물질은 구멍의 크기가 작아지면 이 구멍을 통해 도입되는 화학물질의 크기와 형상에 따라 선택할 수 있어 우리가 원하는 방향의 반응만이 일어날 수 있게 한다. 또한 구멍의 크기가 작아지면 물질들이 접촉할 수 있는 표면적이 획기적으로 증가하는데, 이것은 반응속도의 증가, 촉매 활성의 증가로 연결된다. 이러한 점을 이용하여 다공성 물질의 합성과 이 다공성 물질에 우리 생활에 필요한 유용한 물질을 합성할 수 있는 촉매를 효과적으로 도입하는 것, 그리고 새로운 촉매를 최대한 활용할 수 있는 반응 조건을 확립하기 위한 기초 연구가 진행되고 있다.

'교수님 연구실 탐방기'의 이야기들은 대한화학회가 발간한 〈화학세계〉에 실린 것들입니다.

체계화를 이루다

최초의 친화력표 탄생

18세기 초에는 화학적 변화에 대한 체계화 노력이 진행되었다. 그 노력의 일환으로 소위 친화력표라는 것이 제안되어 치환반응에 대한 지식을 정리하고자 하였다. 최초의 표는 1718년 지오프로이에 의해 만들어졌고, 1775년 버그만에 의해 보다 포괄적인 표로 만들어졌다. 친화력표는 화학반응이 반응물 입자들 간의 인력의 결과라는 믿음을 바탕으로 만들어진 것으로, 이 믿음은 당시에 제안된 뉴턴의 만유인력에 근거한 것이었다.

기체 연구의 시작

이 시기는 기체에 대한 많은 진전이 이루어진 시기이다. 반 헬몬트는 기체의 포집 가능성에 대하여 부정적이었지만 보일은 메이요의 장치를 이용하여 수소기체를 분리하는 데 성공하였고, 뒤이어 헤일에 의해 실험장치에 큰 진전이 이루어졌다. 하지만 이때까지는 기체를 아직 공기로 불렀으며 다양한 방법에 의해 만들어진 기체의 성질은 연구되지 않았다.

기체들이 단순히 공기가 아닌 구별되는 화학적 실체임을 밝힌 것은 블랙이었다. 그는 저울을 사용하

화학 마을 제2구역.
무기물질을 연구하는 곳

여 일련의 화학적 변화에서 무게 변화에 주목하
였고 탄산칼슘($CaCO_3$)과 탄산마그네슘($MgCO_3$)에서 동일
한 기체가 발생한다는 것을 발견하였다. 그리고 이것을 고
정공기(이산화탄소)라 불렀다. 블랙은 화학반응을 플
로지스톤설을 이용하지 않고 설명할 수 있다는 것을 보여주
었으며 라부아지에에 큰 영향을 주었다.

프리스틀리도 고정공기와 같은 기체를 가지고 연구한 과학자 중의 한 명
이다. 그는 고정공기가 동물의 경우는 죽음에 이르게 하지만 식물의 경우
는 성장에 도움이 되는 사실과 탄산수가 만들어지는 등의 고정공기의 성
질을 확인하였다. 그는 이 외에도 일산화질소, 이산화질소. 질소, 일산화
이질소, 일산화탄소 등을 발생시켜 분리, 포집하는 데 성공하였으며, 산화
수은(II)을 렌즈로 가열하여 산소를 발생시키는 데 성공하였다.

플로지스톤설에 따르면 금속의 연소에 의해 생성된 산화수은에서 산소가
발생하는 것은 연소과정에서 플로지스톤을 잃었기 때문이라고 했다. 하지
만 프리스틀리의 연구 결과는 플로지스톤설에 큰 타격을 주게 되었다. 왜
냐하면, 산소 속에서 촛불이 더 잘 탔기 때문이다. 그는 산소를 탈플로지
스톤 공기라 하며 곤경을 벗어나려 하였지만 이 설명은 산화수은이 탈플
로지스톤 공기를 왜 함유하여야 하는지에 대한 이유를 설명하지는 못하였
다. 그러나 후에 그는 수생식물이 같은 기체를 발생한다는 것을 발견하였
고 이 사실이 라부아지에에게 전달됨으로써 화학이 한 걸음 더 나아가는

계기를 마련했다.

높이 평가되어야 할 기체 화학자 중에 캐번디쉬가 있다. 그는 산과 금속의 반응을 통해 가연성 기체(수소)를 제조하는 데 성공하였으나 이것을 플로지스톤이라고 생각한 한계를 보였다.

셸레는 대기가 두 가지 기체의 혼합물로 되었음을 확인하였다. 공기를 산소를 흡수하는 황화갈륨 위로 통과시킨 후 남는 공기가 원래보다 가벼워졌으며 연소를 지원하지 않는다는 사실을 확인함으로써 이를 증명하였다. 그는 남는 공기(질소)를 '상한 공기'라 불렀고 흡수된 공기를 플로지스톤을 끌어당기는 성질이 있다고 하여 '불 공기'라 불렀다. 이를 분리하려고 노력하였고, 결국 이 물질을 프리스틀리보다 먼저 만들었지만 발표가 늦어져 후에 밝혀졌다.

이러한 노력에 의해 확보된 다양한 기체의 성질을 조사하는 과정에서 많은 고대의 지식이 틀렸음도 확인되었다. 그 당시까지 원소라고 생각했던 물이 가연성 공기(수소)와 일반 공기를 섞은 상태에서 전기방전하면 생성되는 것임을 프리스틀리가 발견하고 캐번디쉬가 정량적 관계(수소와 산소가 2:1 비율로 반응)를 확인함으로써 물이 원소라는 사실이 부정되는 계기를 마련했다. 그러나 그는 가연성 공기(수소; 플로지스톤 + 물)와 탈플로지스톤

화학 마을 제2구역,
무기물질을 연구하는 곳

잘못된 이론은 과감히 버려라!

과학사를 살펴보면 이러한 전환기에 있었던 과학자들은 대부분 당시를 지배하고 있던 이론을 버리지 못해 결국 한 단계 더 발전할 계기를 놓치고 말았다. 반면 위대한 과학자로 존경받는 과학자의 경우는 과감히 과거의 이론을 버리고 모순된 사실을 설명할 새로운 이론을 주장해 내었다. 이로써 지식의 진전을 이뤄내었으며 이것을 주도한 영예도 함께 누리게 되었다.

기존의 이론으로 설명되는 것에 만족하여 설명되지 않는 것을 억지로 버리는 등 구 이론에 집착하면 발전에 역행하게 된다. 여러분도 독립적인 연구를 하기 전까지는 기존의 이론을 습득하되 이론은 자연계의 현상을 설명하는 하나의 방법임을 명심하고 자유로운, 그렇지만 논리적으로는 근거가 확실한 발상으로 선입견 없이 자연현상을 조사하고 관찰하길 바란다. 이러할 때 위대한 과학이론이 탄생될 수 있을 것이며 신이론의 창시자로 과학사에 길이 남을 수 있고 또 우리나라가 그토록 염원하는 노벨상 수상도 그리 어려운 일은 아니게 될 것이다.

공기(산소; 물−플로지스톤)의 결합에 의해 물이 생성된다는 변화를 플로지스톤설을 폐기하지 않고 설명함으로써 근대화학의 아버지라는 칭호를 받을 수 있는 영예를 결국 라부아지에에게 넘겨주게 되었다.

근대 화학의 아버지, 라부아지에

1770년에서 1790년 사이에 화학은 유래를 찾기 어려운 근본적인 변화를 경험하게 되었는데, 이것은 전적으로 한 사람에 의해 주도되었다. 그가 바로 '근대화학의 아버지' 라부아지에다. 물리학에 뉴턴이 있다면 화학에 라부아지에가 있다고 할 수 있다.

라부아지에의 가장 큰 공로는 플로지스톤설을 폐지한 것이다. 최초의 통일된 화학변화의 이론으로 각광을 받았던 플로지스톤설은 앞서 언급한 바와 같이 공기 중에서 금속을 연소시키는 경우 무게가 증가하는 현상을 제대로 설명할 수가 없는 등 단점이 드러나고 있었다. 하지만 체계적인 반론이 증명되지 않은 상태였다. 라부아지에는 동료들과 다이아몬드의 가열에 관한 실험을 시작하면서 연소에 대해 관심을 갖게 되었다. 그는 공기가 있는 상

화학 마을 제2구역,
무기물질을 연구하는 곳

태에서 다이아몬드를 가열하면 무게가 줄어들지만 공기를 제거하면 무게가 줄어들지 않는다는 사실을 발견하였다. 이러한 사실에 고무된 그는 다양한 물질의 연소현상을 조사하면서 인과 황은 연소 후에 무게가 증가한다는 사실을 확인하였고 또한 금속도 알려진 바와 같이 무게가 증가한다는 것을 확인하였다. 이러한 결과를 동료 과학자들은 불순물 또는 음의 플로지스톤으로 설명하였지만 라부아지에는 공기의 역할로 설명한 것이다. 즉, 연소 과정에서는 공기의 고정이 일어나며 가열산화물을 환원하면 공기가 발생한다는 가설을 주장하였다.

그는 연소과정에서 물질의 무게를 측정하는 중요한 과정을 첨가함으로써 연소 시 일부분의 공기가 황, 인, 금속에 의해 고정되며, 숯을 이용한 산화물과의 반응에서 생성되는 기체가 블랙의 고정공기(이산화탄소)임을 증명하였다. 또한 수은의 가열 산화물 실험을 통해 공기는 유독성 공기(질소)와 호흡 공기(산소) 두 종류의 기체로 구성되며 가열 시 금속의 무게가 증가되는 것은 호흡공기와의 결합으로 인한 것과 고정공기가 탄소와 호흡공기로 이루어졌기 때문이라는 것도 확인하였다. 뿐만 아니라 탄소, 인, 황의 연소 생성물을 물에 녹이면 산성이 되는 것도 발견하였으며 호흡공기가 산의 필수적 성분이라는 결론을 얻게 되었다. 따라서 그는 1779년 호흡공기를 '산소' 라 명명함으로써 드디어 연소가 산소와의 반응이라는 사실을 공식적으로 발표하였다.

또한 캐번디쉬의 가연성 공기(수소)를 산소 속에서 연소시켜 물이 생성되는 것을 밝혀 물이 원소가 아니라는 사실도 증명하게 되었다. 이러한 연소에 대한 새로운 이론은 블랙, 드모르부, 베르톨레, 푸르크르와 등의 저명 화학자들이 받아들여 대학에서 가르침으로써 그 위치를 공고히 할 수 있었으며 이들과 협력하여 화학명명법을 개혁하는 과업을 수행하였다. 이전의 화학물질은 연금술의 영향으로 모호한 이름이 많았고 새로이 발견된 기체의 경우에도 플로지스톤설의 내용이 반영된 이름이 있어 이를 바로잡을 필요가 있었다.

1782년 드모르부는 린네가 식물명을 체계화한 것처럼 하나의 물질은 하나의 고정된 이름을 가져야 하고 조성이 알려진 경우에는 이 내용이 반영되어야 한다는 원칙을 제안하였다. 라부아지에의 제안이 채택되어 지금의 현대적 이름이 확립된 것이다.

라부아지에는 〈화학개(원)론〉에서 더 이상 분해되지 않는 모든 물질(빛과 열을 제외하고 31개)은 원소로 인정한다는 원소의 근대적 정의를 도입하였고 질량보존의 법칙도 정확히 인식하고 있었다. 물론 염산을 산소화합물로 추정하고 빛과 열을 원소로 추정하는 일부 오류를 범하기는 했지만 그리스 시대에서부터 시작된 4원소설을 완전히 폐기하였다. 라부아지에는 연소가 산소와의 반응이라는 사실을 확인하고 다양한 원소들을 확인함에 따라 현대 화학으로 발전하는 계기를 마련한 것이다.

라부아지에 이후 프랑스 화학을 이끈 화학자들

라부아지에가 죽은 이후에도 프랑스 화학은 발전하였다. 과학의 중요성을 인지한 나폴레옹은 과학을 장려하였고 베르톨레, 게이르삭 등이 활약하였다.

원소에 대한 라부아지에의 새로운 개념은 모든 물질이 원자라는 작은 입자로 구성되어 있다는 원자론에 대한 새로운 기반을 제공하였다. 또한 서로 다른 원자로 구성된 물질 간 변화는 불가능하다는 결론을 내려 연금술은 부정되었다. 저울의 중요성을 강조한 라부아지에의 노력에 따라 정량적 변화를 추적하는 정량적 화학의 기반도 확립되었다.

이러한 정량적 분석의 결과, 다양한 원소들이 속속 발견되어 우라늄, 지르코늄, 크롬 등이 알려지게 되었고, 1799년 프루스트는 동일한 화합물의 시료는 동일한 조성을 가진다는 일정성분비의 법칙을 광물의 정량분석을 통하여 증명하였다. 또한 리히터는 반응하는 물질 간의 무게관계를 나타내는 당량의 개념을 도입하였다. 이는 피셔에 의해 요약되었으며 이 관계는 원자설을 통하여 이해할 수 있게 되었다.

화학 마을 제3구역, 유기화합물을 연구하는 곳

유기화학은 어떻게 발전해 왔나?

유기화학은 간략하게 유기화합물의 구조, 성질, 조성 및 반응경로, 반응 등을 연구하는 분야로 규정할 수 있다. 19세기 초까지 화학자들은 유기화합물이 쉽게 분해되는 특성을 갖고 있다고 인식했다. 이러한 성질 때문에 유기화합물을 합성하는 것은 쉽지 않았고, 화학자들은 그 어려움을 정당화하기 위해 활력(생기)론을 만들었다. 즉, 유기화합물에는 생명력이 필수적이며 따라서 유기화합물을 생명체에서만 발견되는 물질로 규정한 것이다.

때문에 유기화합물이 무기화합물과 같이 다루어질 수 있고, '생명력'이 아닌 방법으로 실험실에서 합성될 수 있다는 사실이 인식되기까지 유기화학의 발전은 더뎠다.

1816년경 프랑스 화학자 슈브뢸은 다양한 지방산과 알칼리를 이용하여 비누를 만드는 연구를 시작하였다. 그 결과 알칼리와 결합하여 비누를 만드는 다양한 지방산을 분리하였다. 이 비누 화합물은 개별적

화학 마을 제3구역,
유기화합물을 연구하는 곳

인 화합물들로 생명체에서 얻었던 다양한 지방을 이용하여 화학적 변화를 일으켜 '생명력' 없이도 새로운 화합물을 만들어 냈다. 고전적 유기화합물의 개념에서 벗어나는 계기를 마련한 것이다.

이후, 1828년 독일의 화학자 뵐러에 의해 우레아(urea, NH_2CONH_2)라는 유기화합물이 만들어졌고, 1844년 그의 제자인 콜베가 클로로아세트산(CCl_3COOH)을 실험실에서 합성하였다. 이러한 결과들로 인해 실험실에서 거의 모든 화합물을 만들 수 있다는 자신감이 생겼고, 유기화학은 드디어 비약적인 발전을 하게 되었다.

뵐러가 그의 저서에서 '유기화학은 원시열대림'이라고 표현한 것처럼 개발되지 않은 거대한 지식의 보고에 수많은 인재가 투입되어 새로운 물질에 대한 정보를 발견한 것이다.

유기화학의 발전은 현대 문명의 물질적 풍요에도 많은 기여를 하게 되었다. 1856년 영국 화학자 퍼킨은 퀴닌이라는 유기화합물의 합성과정을 연구하던 중 오늘날 '모브'라고 불리는 자주색 염료인 유기염료를 우연히 합성하였다. 이는 유기화학 역사에 매우 중요한 결과이다. 또 다른 중요 사건은 1874년 차이들러에 의해 DDT가 합성된 것이다. 하지만 이 화합물의 살충 효과는 훨씬 뒤인 1939년에 발견되었다. 이 화합물은 살충효과가 뛰어나 인도에서 말라리아 발생률이 격감하는 효과가 나타났다. 이 화합물의 살충효과를 발견한 스위스 화학자 뮐러는 1948년 노벨 생리의학상을 수상하였다. 그러나 이 화합물은 자연적으로 분해되지 못하고 장기간 축적되는 단점이 있었다. 그래서 먹이사슬 위에 있는 동물, 심지어는 인간에게까지 해를 입히게 되어 1972년 미국을 시작으로 전 세계적으로 사용이 금지되었다.

유기화학 이론에 있어 결정적인 혁신은 1858년 독일 화학자 케쿨레와 프랑스 화학자 쿠퍼에 의해 제안된 화학 구조에 대한 개념에서 이루어졌다. 두 사람은 4개로 구성된 탄소 원자가가 서로 결합하여 탄소 골격을 형성한다고 제안하였다. 이로써 원자 간 결합의 자세한 형태를 적절한 화학반응의 해석을 통해 이해할 수 있게 되었다.

석유가 발견되고 끓는점에 따라 다양하게 분류되어 사용되는 것을 계기로 유기화학은 더욱 발전하게 되었다. 또한 다양한 화학공정에 의해 다른 화합물 간 또는 개별적 화합물 간의 변환이 가능해져 석유화학공업이 탄생하게 되었다. 이후 합성고무, 유기접착제, 물성이 변환된 석유 첨가제, 플라스틱 등이 차례로 생산되었다.

19세기 말에는 독일의 제약회사 바이엘에 의해 아세틸살리실산(아스피린)이 제조되면서 제약 산업이 발전했다. 소위 '살바르산 606'이라는 매독 치료제는 최초로 체계적인 방법으로 성능을 향상시킨 것이다. 에를리히는 독성이 매우 큰 물질의 다양한 유도체를 합성하고 약효와 독성에 대한 시험을 거쳐 가장 좋은 것을 생산하였다.

퍼킨에 의해 발견된 자주색 염료 모브와 같이 초기 유기반응과 응용

화학 마을 제3구역,
유기화합물을 연구하는 곳

은 우연히 얻어진 것이 많았다. 그러나 20세기 들어 약품 설계와 같이 특별하게 선정된 화합물 또는 특별한 성질을 가지도록 설계된 분자를 합성하는 것이 가능해졌다. 또한 제약 산업이 발전함에 따라 복잡한 인간의 호르몬을 합성하는 것이 가능하게 되었고 비타민 B_{12}, 암 치료제 택솔의 합성까지 성공하였다. 최근에는 비대칭 합성기술의 비약적인 발전에 의해 비대칭 탄소를 10여 개 가지고 있는 화합물도 합성할 수 있게 되었다.

전공과목
알아보기

기본 과목

유기화학 I (Organic Chemistry I) 분자 구조와 그에 부수하는 특성, 반응
속도론, 자유 라디칼 치환반응, 입체화학, 친핵성 지방족 치환반응, 용매효과,
제거반응, 친전자성 및 라디칼 부(첨)가반응 등을 배운다. 또한 지방족 고
리화합물의 반응성, 단일결합과 이중결합이 번갈아 가며 존재하는 현상인
컨주게이션 및 공명현상 등을 배운다. 공명현상은 전자가 공간상에 고정되어
있지 않고 전체에 퍼져있는 현상의 결과로 단순한 화학식으로 그린 구조에 비해 실제
구조가 더 안정한 현상을 말한다.

유기화학 II (Organic Chemistry II) 방향성의 개념, 친전자성 방향족 치환반응, 분광학
을 이용한 분자구조 규명, 친핵성 부가반응, 친핵성 아실치환반응, 카르보 음이온의 반
응, 아민과 페놀류의 반응 등을 배운다.

유기화학실험(Organic Chemistry Lab.) 증류와 재결정을 이용한 정제, 에스테르와
할라이드 화합물의 합성, 친전자성 방향족 치환반응, Friedel-Crafts 반응, 혼합물을
확인하기 위한 TLC법(얇은 막 크로마토그래피법)을 통해 기초 유기화학 실험을 수행
한다.

심화 과목

유기합성화학 (Synthetic Organic Chemistry) 각 작용기의 도입방법 및 작용기 상
호간의 전환방법, 골격형성에 유용한 반응 및 반응기법, 골격형성과 작용기 전환을 동
시에 고려한 합성기법과 절단기법, 생성물로부터 출발물질로 역으로 추적하면서 합성
경로를 설계하는 방법인 역합성 기법의 기초 등을 배운다.

유기반응론 (Reactivity in Organic Chemistry) 유기화학 I , II에서의 여러 가지 유
기화학반응을 체계화하여 분자구조와 반응성 및 화학적 성질, 그것에 따라서 일어나
는 반응 메카니즘을 다루고, 유기분자와 그 반응중간체의 검출 및 정량에 이용되는 분
광학의 기본원리와 응용 등을 배운다.

유기기기분석(Organic Instrumental Analysis) 자기공명 분석법(NMR)은 화학의 물
질 즉 유기 및 무기 구조 분석에 꼭 필요한 기기분석방법 중 하나이다. NMR에 대한
기본지식을 배우고 이를 해석할 수 있는 능력을 터득할 수 있다.

화학 마을 제3구역,
유기화합물을 연구하는 곳

합성을 위한 최적의 설계도를 만드는 유기합성

실용적인 목적으로 합성법을 설계, 분석, 구축하는 유기합성은 공학과 경계에 있는 응용과학이다. 새로운 화합물을 합성하는 것은 최적의 출발물질로부터 최적의 반응을 선택하여 목표로 하는 분자를 합성하도록 설계하는 문제 해결 임무라고 할 수 있다. 복잡한 화합물은 수십 개의 반응 단계를 순차적으로 거쳐야 얻어질 수 있으며 합성은 분자 기능기의 반응성을 이용하여 진행된다. 실제로 유용한 합성법을 설계할 때는 실험실에서의 합성과정이 요구된다.

합성을 설계하는 데는 몇 가지 전략이 있다. 먼저 최신 방법으로 역합성을 들 수 있다. 역합성은 하버드 대학의 코레이 박사에 의해 개발된 것으로 합성을 하는 반대방향으로 기술된다. 즉, 목표 화합물로부터 시작해 알려진 반응에 따라 몇 개의 부분으로 분해하는 것이다. 이 부분 또는 제안된 전구체 역시 사용 가능하고 값싼 출발물질이 얻어질 때까지 똑같은 방법으로 반복된다. 각 화합물과 각 전구체는 다단계

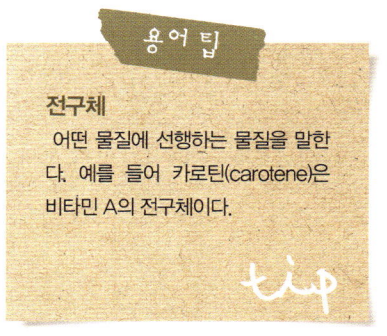

용어 팁

전구체
어떤 물질에 선행하는 물질을 말한다. 예를 들어 카로틴(carotene)은 비타민 A의 전구체이다.

tip

합성을 필요로 할 수 있으므로 '합성 나무'가 구축된다.

유기합성에서는 주요 단계 반응을 진행하기 위한 방법론을 개발하는 것이 무엇보다 중요하다. 200여 년에 걸친 유기화학의 역사를 통해 다양한 방법론이 개발되었으며 이들은 소위 'named reaction'이라는 형태로 정리되어 있다. 적용되는 화합물의 형태와 반응 조건이 어느 정도 제한되어 새로운 반응을 할 때 적용 가능성을 쉽게 확인할 수 있다. 이는 새로운 화합물 합성에 큰 도움을 준다. 그러나 전합성에서 최선의 반응경로를 설계할 때 알려진 반응을 최대한 활용하기 위해서는 거의 장인 수준에 해당하는 감각이 필요하다. 전합성 단계의 설계는 예술이라고도 할 정도로 어렵다.

최근에는 비대칭 합성 분야가 각광을 받고 있다. 의약과 농약 등 정밀화학 분야의 수요가 늘어나고 있기 때문이다. 이 분야의 선구자적 역할을 수행했던 과학자들이 2001년 노벨 화학상을 공동 수상하는 영예를 안았다. 미국 화학자 놀스와 샤플리스 그리고 일본의 노요리 료지가 그들이다.

놀스는 화학회사에 근무하면서 파킨슨병의 치료제로 알려진 L-도파라는 물질을 합성하는 데 성공했다. 노요리 료지는 수소화반응에 사용하는 촉매의 효율성과 응용성을 향상시켜 산업적으로 채택이 가능

전합성의 예

하도록 하였다. 샤플리스는 산화반응에 사용하는 비대칭 촉매의 개발에 주력했다. 그는 베타차단제로 알려진 심장병 치료제를 생산하기 위해 제약업계가 사용하는 분자인 '글라이시돌'의 한 이성질체만 생성하는 공정의 개발에 성공하여 이 분야 성장에 결정적인 역할을 하였다.

찾아라! 노벨상 이색 기록

노벨상 최다 수상국 Best 5

1901년부터 2007년까지 노벨상을 가장 많이 수상한 나라는 미국이다. 무려 300명의 수상자를 배출했다. 2등은 영국으로 98명을 배출했다. 3위는 독일로 77명, 4위는 프랑스로 51명 그리고 5위는 주최국 스웨덴으로 30명을 배출했다.

*역대 수상자들의 이름과 그들의 업적을 알고 싶다면 http://nobelprize.org를 클릭해 보자.

노벨상을 두 번이나 수상한 사람

한 번 받기도 어려운 노벨상을 두 번이나 받은 사람이 있다. 모두 4명으로 퀴리부인, 존 바딘, 프레더릭 생어, 라이너스 폴링이 그들이다. 퀴리부인은 1903년에 물리학상, 1911년에 화학상을 받았다. 미국인 존 바딘은 1956년과 1972년에 모두 물리학상을 받았다. 영국인 프레더릭 생어는 1958년과 1980년에 화학상을 받았다. 그리고 미국인 라이너스 폴링은 1954년에는 화학상, 1962년에는 평화상을 받았다.

최단시간 연구로 노벨상을 수상한 사람

11일간의 연구 결과로 노벨 화학상을 수상한 사람들이 있다. 미국인 컬 2세와 스몰리 그리고 영국인 크로토가 그들이다. 컬과 스몰리는 텍사스의 라이스 대학 교수였고 크로토는 영국의 서섹스 대학 교수였는데 1985년 9월 세 사람이 라이스 대학에서 11일간의 연구로 풀러린을 발견하였고, 1985년 11월 4일자 〈네이처〉

화학 마을 제3구역,
유기화합물을 연구하는 곳

지에 이를 발표하였다. 그리고 1996년 노벨 화학상을 받게 되었다.

가장 빨리 업적을 인정받은 사람

1957년 물리학상을 수상한 양전닝, 리정다오는 그들의 업적을 인정받는 데 불과 10개월여 밖에 걸리지 않았다. 그들은 약한 상호작용에서의 패리티 비(非)보존에 관한 연구를 발표했는데, 논문을 발표한 지 약 10개월 만에 노벨상을 받게 되었다.

업적을 인정받은 데 가장 오래 걸린 사람

업적을 인정받는 데 무려 55년이 걸린 사람도 있다. 전자광학과 전자현미경에 관한 공로로 1986년에 물리학상을 받은 에른스트 루스카 이야기다. 그의 연구업적은 이미 1931년에 이루어진 것으로, 업적을 인정받는 데 무려 55년이 걸렸다. 그는 1988년에 사망했으니 조금만 더 늦었더라면 아예 받지 못할 뻔 했다.

노벨상 최연소 수상자

1915년에 물리학상을 받은 브래그가 그 영광의 얼굴이다. 수상 당시 그는 25세였다. 그 뒤를 잇는 사람은 1957년에 물리학상을 받은 중국 과학자 리정다오로 31세의 나이였다. 1933년에 물리학상을 받은 하이젠베르크, 1933년 물리학상을 받은 폴 디랙, 1936년 물리학상을 받은 칼 앤더슨도 역시 31세의 나이로 노벨상을 수상해 최연소 수상의 뒤를 잇고 있다.

노벨상 최고령 수상자

1966년 생리의학상을 수상한 페이턴 라우스와 1973년 역시 생

리의학상을 수상한 카를 폰 프리슈가 그 영광의 얼굴이다. 그들은 모두 87세의 나이로 노벨상 수상의 영예를 안았다. 과학 분야의 최고령 수상자는 페더슨으로 그는 83세 때 화학상을 받았고 수상 2년 후 작고하였다.

노벨상 수상을 거부한 사람들

노벨상 수상을 거부한 사람들도 있다. 1938년 화학상을 받게 된 독일의 쿤, 1939년 화학상을 받게 된 독일의 부테난트, 1939년 생리의학상을 받게 된 독일의 도마크, 1958년 문학상을 받게 된 소련의 파스테르나크, 1964년 문학상을 받게 된 프랑스의 샤르트르 그리고 1973년 평화상을 받게 된 베트남의 레둑토 등 6명이다. 쿤, 부테난트 그리고 도마크는 유태인이라는 이유로 나치 정부에 의해 선정 당시 수상이 거부되었다. 하지만 제2차 세계대전이 끝나고 히틀러가 세상을 떠난 후 뒤늦게 다시 수상할 수 있었다. 반면 소련 정부의 방해로 상을 받지 못한 〈닥터 지바고〉의 작가 파스테르나크는 세상을 떠날 때까지 결국 상을 받지 못했다.

위의 4명은 타의에 의해 수상이 거부된 반면 샤르트르와 레둑토는 스스로 수상을 거부했다. 샤르트르는 자신의 라이벌인 카뮈보다 늦게 노벨상 수상자로 선정된 데 불만을 품고 수상을 거부했다고 한다. 또한 베트남 평화협상에 대한 공로로 키신저와 함께 평화상 수상자로 선정된 레둑토는 모국의 전쟁이 끝나지 않았다는 이유로 수상을 거부했다.

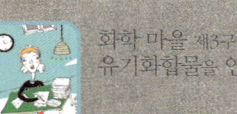

화학 마을 제3구역,
유기화합물을 연구하는 곳

공동으로 노벨상을 수상한 부부

1903년에 물리학상을 받은 퀴리 부부와 1935년에 화학상을 받은 졸리오퀴리 부부가 있다. 졸리오퀴리 부부는 퀴리 부인의 사위와 딸이다. 특히 퀴리 집안은 노벨상 가족이라 할 만큼 2대에 걸친 부부 수상의 진기록을 남겼다. 또한 1947년 코리 부부가 의학상을 수여했다. 이들은 체코 사람들인데 미국으로 이민을 가서 미국시민이 되었기 때문에 공식적으로는 미국인 수상자로 분류된다.

공동수상하거나 대를 이어 수상한 부자 · 부녀간

영국의 브래그 경 부자는 X선으로 결정체 구조연구를 하여 1915년에 물리학상을 공동으로 수상했다. 그리고 1906년 물리학상을 받은 영국의 톰슨 경과 1937년에 물리학상을 받은 톰슨은 부자간이다. 또 1922년에 물리학상을 받은 덴마크의 보어와 1975년에 역시 물리학상을 받은 보어 역시 부자간이다.

study #03

반응경로를 체계화하는 물리유기화학

현대 유기화학은 앞에서 언급한 바와 같이 약 200년의 역사를 가지고 있다. 이 과정에서 수많은 유기화합물이 합성되었고 유기화합물 상호 간의 변화과정이 연구되었다. 만약 이런 수많은 유기화학반응의 체계화가 진행되지 않았다면 우리는 새로운 화합물과 새로운 형태의 화학반응을 이해하기 위해 수많은 시간과 물질을 사용해야 할 것이다. 다행히도 유능한 유기화학자들이 수많은 유기화학반응에 대해 반응물과 생성물의 구조, 사용한 반응물, 용매의 종류, 반응온도에 따른 생성물의 수득율과 성질에 미치는 영향을 체계적으로 연구해 왔다. 그래서 이제는 반응하기도 전에 대체적인 생성물과 이 물질의 합성 가능성을 예측할 수 있게 되었다. 이러한 능력을 갖게 된 것은 유기화학반응에서 일어나는 반응경로를 이해한 덕분이다.

반응경로를 이해하기 위해서는 먼저 합성 과정에서 생성되는 반응성이 매우 큰 다양한 중간체의 성질과 반응성을 알아야 한다. 유기화학

화학 마을 제3구역.
유기화합물을 연구하는 곳

반응이 진행되는 동안 반응속도와 반응에 관여하는 에너지의 변화를 측정하고 다양한 현대 분석기기를 이용하여 반응성 중간체의 성격을 연구하는 분야가 바로 물리유기화학이다. 또한 물리유기화학은 중간체가 관여하는 반응경로를 제안함으로써 유기화학반응의 체계화를 시도하는 분야라 할 수 있다.

즉, 물리유기화학은 반응속도, 입체화학적 결과, 온도의 효과 등을 설명하기 위해 다양한 반응중간체를 이용해 유기반응의 적절한 반응경로를 제안하고 이해를 도모하는 분야이다. 다양한 분석기구를 활용해 반응물과 생성물의 농도, 반응중간체의 성질을 공부하고, 다양한 치환기를 가진 반응물을 이용하여 반응속도의 변화를 측정함으로써 반응의 성격을 판정하고 반응경로를 추정한다.

물리유기화학은 어떻게 발전했나?

물리유기화학은 1899년 스티글리츠에 의해 시작되었다. 그가 탄소 중심에 (+)전하가 있는 carbocation 중간체를 제안한 것이다. 하지만 아직 실험적으로 증명되지 않은 상황이었다. 이어 1901년 노리스와 컬만이 독립적으로 용액에서 안정한 트리페닐메틸 양이온의 존재를 확인하였고, 이 물질이 염의 형태를 가지고 있음을 바이엘이 인식해 내었다.

1900년에는 곰버그가 탄소 중심에 홀전자를 가진 중간체인 트리페닐메틸 라디칼의 존재를 보고하여 많은 관심을 끌었고 여러 실험실에서 확인되었다. 곧 탄소 중심에 (−)전하가 있는 중간체인 carbanion의 존재도 인지되었고 클락과 랩워스는 carbanion이 결정적 단계에 포함되는 반응 경로를 제안하였다.

1914년에 마커스는 알칼리 금속에 의해 트리아릴메틸 라디칼이 carbanion으로 환원될 수 있음을 보고하였고, 전도도를 이용하여 이온성이 밝혀졌지만 1933년까지 carbanion이라는 용어는 사용되지 않았다.

1903년 브쉬너에 의해 전기적으로는 중성이지만 탄소 중심에 비공유전자쌍이 있는

중간체인 carbene(CHCO$_2$Et)이 제안되었다. carbene은 디아조게탄(CH$_2$N$_2$)의 분해에 의해 생성된 carbene(CH$_2$)이 알켄과 결합하여 시클로프로판이 만들어지기도 한다. 그리고 일산화탄소와 반응하여 케텐(CH$_2$=C=O)이 생성됨을 밝힘으로써 존재를 확인하였다.

이와 같이 유기화학의 주요 반응 중간체인 carbocation, carboradical, carbanion, carbene 등의 존재가 확인됨으로써 반응 경로를 체계적으로 설명할 수 있는 기반이 생성되었다. 또한 반응속도의 측정, 입체화학적 연구를 통하여 반응 경로도 기술할 수 있게 되었다. 치환기의 전자적 효과와 입체적 효과의 개념도 20세기 초에 성립됐고 반응에 있어 에너지의 의존성과 반응중간체의 성격을 확인하는 관계식도 제시되었다.

의약품을 디자인하는 의약화학

의약화학은 간단히 말하면 의약품 제조에 관한 학문이다. 의약품을 디자인하기 위해서는 생체에 특별한 작용을 하는 화합물을 발견해야 하는 것은 물론, 원리에 기초하여 후보 화합물을 설계하고 합성된 화합물의 생리활성을 검증해야 한다. 따라서 이러한 연구를 진행하기 위해서는 다방면의 지식을 갖추고 있어야 한다.

화합물을 발견하는 것을 작용기작의 발견이라고 하는데 이를 위해서는 약리학에 대한 지식이 있어야 한다. 그리고 후보 화합물을 설계하기 위해서는 구조와 활성의 상관관계에 대해 알아야 한다. 또한 생화학, 분자생물학에 관한 지식은 물론, 실제 합성을 위해서 유기화학과 생물유기화학에 대한 지식이 있어야 함은 당연한 일일 것이다.

역사적으로 고대뿐만 아니라 최근까지도 의약품들은 수많은 시행착오를 거치거나 우연히 발견되어 왔다. 환자에게 직접 투여하기 전까지는 약효를 확인할 방법이 없었기 때문이다. 그래서 과거의 제한된

화학 마을 제3구역,
유기화합물을 연구하는 곳

지식으로 얻어진 약제는 다른 문제를 일으키거나 환자에게 치명적 결과를 가져오는 경우가 비일비재했다.

따라서 몸에 좋다고 하는 것을 독점적으로 사용할 수 있었던 지배계급은 오히려 독성물질이 함유된 약으로 병을 치료해 수명을 단축시키는 경우도 많았다. 예를 들면, 위장병에 비소화합물, 기침에 헤로인, 매독 치료에 수은 화합물을 사용하였던 것이다. 물론 과거의 의약품이나 약초 중에는 뛰어난 효능을 가진 것도 있다. 최근 의약화학에서는 이들의 효능물질이 무엇인가를 규명하는 것을 중요한 과제로 삼고 열심히 연구에 매진하고 있다.

이 과정에서 얻어진 물질의 부작용은 줄이고 치료 효과는 최대가 되도록 구조와 치환기를 변환하는 과정을 거치게 되는데 이때 연구의 출발이 되는 초기 물질을 유력후보물질(lead compound)이라 부른다.

유력후보물질은 약효를 가진 천연물의 수만 가지 화합물 중에서 찾게 된다. 찾는 방식으로 대개 두 가지 방법을 사용한다. 그것은 임의 선택법과 유도발견이다. 임의 선택법은 다양한 천연물로부터 얻어진 추출물을 시험하는 방법이고, 유도발견은 전래되는 약초를 이용하는 방법이다. 식물과 동물의 특성 관찰을 통해 이뤄지는 임의선택법의 예로는 카리브 해의 멍게류 조직에서 찾아낸 항바이러스제 didemin-C와 항암제 브리오스타틴 1, 푸른곰팡이에서 얻어낸 페니실린 등이 있다. 유도발견의 예로는 버드나무에서 찾아낸 아스피린이 대표적이다.

좋은 약을 이러한 방식으로 발견하였다 해도 바로 직접 환자에게 투여하는 것이 아니라 철저한 검증절차를 거쳐야 한다. 검증절차는 동물실험과 임상실험이라는 두 단계가 있다. 이 과정은 시간과 비용이 많이 든다. 보통 평균 15년의 기간과 8억 불의 비용이 드는 것으로 보고되고 있으며 성공할 확률은 5천~1만 분의 1로 알려져 있다.

우리나라 역시 신약개발에 많은 노력을 기울이고 있다. 신약 1호인 SK제약의 위암치료제 '선플라', 중외제약 퀴놀린계 항균제이며 방광염, 요도염 치료제인 '큐록신', 미국 FDA의 승인을 최초로 받은 LG생명과학의 항생제 '팩티브' 등이 성공적으로 개발된 대표적 사례이다.

지금도 100여 개의 신약이 개발 중에 있다. 최근에는 환자의 다른 부위에는 영향을 미치지 않으면서 환부에만 작용하는 의약품을 개발하기 위해 노력하고 있으며 이를 위한 의약품 전달 시스템의 개발에도 전념하고 있다.

화학 마을 제3구역.
유기화합물을 연구하는 곳

화학과 생물학의 경계에 있는 생유기화학

생유기화학은 생물학에 관련된 현상과 문제를 이해하고 해결하기 위해 유기화학 또는 물리유기화학의 원리와 기법을 응용하거나 생물학에서 관찰된 사실에 근거하여 화학적 원리를 연구하는 분야라 할 수 있다.

이 분야에 속하는 세부 분야에는 효소학, 효소 모델, 생합성과 조합 생합성, 생체모방 합성, 분자 인식, 단백질과 펩티드 화학, 핵산 화학, 면역학, 바이오센서, 치료제의 설계 및 합성, 단백질 유전정보학과 게놈 연구가 있다.

플라스틱 시대를 연 고분자화학

study #05

고분자화학은 사실상 독립적인 분야이지만 고분자 물질의 기본이 되는 단위체가 대부분 유기화합물이라는 이유로 유기화학의 한 부분으로 취급하기도 한다.

고분자는 작은 단위의 분자가 반복적으로 결합하여 사슬의 형태 또는 그물망을 형성하는 거대분자이다. 고분자에는 인공적으로 만들어진 합성고분자와 천연고분자가 있다. 합성고분자에는 폴리에틸렌, 폴리프로필렌, PVC, 테프론, 나일론, 폴리에스터 등이 있고, 천연고분자에는 실크, 셀룰로오스, DNA 등이 있다. 보통 플라스틱이라 부르는데, 이것은 열을 가하면 부드러워져 가공이 쉬워지는 열가소성 수지와 열을 가하면 딱딱하게 되는 열경화성 수지로 구분되며, 합성방법에 따라 첨가 중합과 축합 중합으로 분류되기도 한다.

단위체의 불포화 결합이 다른 단량체가 첨가될 때 단일결합으로 변하면서 중합체를 만드는 반응을 첨가 중합이라 한다. 그리고 물과 같은

화학 마을 제3구역,
유기화합물을 연구하는 곳

작은 분자가 제거되면서 새로운 화합물을 만드는 반응이 되풀이되어 고분자 화합물을 만드는 것을 축합 중합이라 한다.

1950년대 독일의 지글러와 이탈리아의 나타에 의해 개발된 지글러나타 촉매에 의해 폴리에틸렌과 폴리프로필렌 생산이 상용화됨으로써 플라스틱 시대를 열게 되었다. 그 이후 다양한 물성의 고분자 물질이 생산되어 풍요로운 물질문명의 시대가 왔다. 그러나 고분자 플라스틱이 자연환경에서 분해되지 않아 많은 환경문제가 야기되었고, 이로 인해 최근에는 생분해성 고분자가 각광을 받고 있다.

또한 전도성 고분자 등 새로운 물성을 가진 고분자 물질이 합성되고 있으며 휴대가 가능한 디스플레이 시대, 전자 종이 등의 새로운 개념의 기능성 고분자들이 소개되고 있어 많은 발전이 기대된다.

화학이 정말 환경오염의 주범일까?

2008년 2월 5일 영국의 일간지 〈인디펜던트〉지는 북태평양에 약 1억 톤에 달하는 쓰레기 띠가 해양생태계를 위협하고 있다고 보도했다. 이 쓰레기의 대부분은 플라스틱으로 반투명하고 해면에 가라앉아 있어 위성으로는 발견할 수 없다고 덧붙였다. 이러한 쓰레기 띠는 1997년 요트로 캘리포니아에서 하와이로 항해하던 찰스 무어 알가리타 해양연구재단 설립자가 발견한 것으로 캘리포니아 해안에서 하와이를 거쳐 일본까지 광범위한 영역에 분포되어 있다. 80% 이상이 육지에서 흘러 들어온 것으로 추정된다. 이렇게 바다로 흘러 든 플라스틱 쓰레기뿐만 아니라 육지에서도 썩지 않는 플라스틱은 골칫거리다. 지금은 매립을 하고 있지만 썩지 않기 때문에 조만간 매립장은 포화상태가 될 것이다.

또한 현대 산업현장에서 배출되는 다양한 화학물질은 산성비, 공기오염, 온실효과 등의 주범으로 인류적 재앙을 초래할지도 모른다. 화학이 인류가 직면하고 있는 모든 환경오염의 주범이라면, 세상에서 화학을 없애면 아담과 이브가 살았던 에덴의 동산 같은 파라다이스가 나타나게 되는 것일까?

이 세상에서 화학산업을 폐기하는 즉시, 물질문명의 핵심이었던 다양한 소비재는 자취를 감출 것이다. 물이 부족한 중동국가의 바닷물을 역삼투에 의해 정제하였던 공장도 더 이상 존속할 수 없을 것이다. 왜냐하면 역삼투의 핵심은 높은 압력에 견딜 수 있는 플라스틱 다공성 물질이기 때문이다. 또한 인류는 더 이상 충분한 식량 확보를 예상할 수 없다. 전 세계가 기아의 공포로 뒤덮이게 될 것이다. 왜냐하면 비료공장이 사라지고 해충을 구제하는 농약이 없어지면 녹색혁명에 의해 식량증산을 주도하였던 주요 요소들이 제거되어 겨우 농사짓는 사람만 먹을 정도

화학 마을 제3구역,
유기화합물을 연구하는 곳

의 식량만 생산될 것이다. 전 세계를 날아다녔던 비행기, 고속도로를 꽉 채웠던 자동차, 기차 등 모든 교통수단도 움직일 수가 없다. 왜냐하면 에너지를 제공할 연료가 없어졌기 때문이다. 또한 병원의 환자들도 하늘의 처분에만 맡겨야 한다. 모든 의약품도 더 이상 공급될 방법이 없기 때문이다. 이처럼 화학이 없는 세계는 단순히 원시시대로의 복귀, 그 이상이 아니다.

그렇다면 화학은 화학이 만들어 낸 환경오염을 그냥 보고만 있을 것인가? 당연히 아니다. 이미 화학은 그동안의 병폐를 없애고 고치기 위하여 많은 노력을 기울이고 있다.

플라스틱의 재생을 위해 많은 노력을 한 결과, 열분해에 의해 원료물질 또는 석유물질(탄화수소)을 폐플라스틱에서 얻어냈고, 플라스틱을 먹는 미생물을 개발하는가 하면, 플라스틱을 분해하는 촉매를 개발했다. 이처럼 근본적인 처리가 가능한 기술을 확보하기 위해 많은 노력을 기울이고 있다.

이와는 별도로 자연계의 미생물, 태양광선, 수분 등에 의해 분해되는 생분해성 플라스틱의 개발에도 많은 노력을 기울이고 있다. 기본적으로 합성에 있어서는 문제가 없지만 다양한 용도로 사용하기 위해 물리적 성질이 필요하기 때문에 이의 보강을 위해 많은 연구가 집중되고 있다. 따라서 당장은 아니겠지만 플라스틱 제품으로 인한 환경오염 문제는 해결될 것이다.

자기가 뿌린 씨는 자기가 거둔다는 말처럼 화학자들은 자신의 책임을 수행하고 있다. 화학물질에 의한 오염은 화학물질을 가장 잘 아는 화학자에게 맡겨두는 것이 가장 현명한 방법이 아닐까 한다.

환경보호에 앞장서는 재활용 기술

산업사회가 성장을 추구하다 보면 환경파괴라는 부산물에 시선을 줄 여유가 없어
진다. 그 결과 우리가 사는 소중한 지구는 각종 산업 쓰레기에 묻혀가고 있다. 이
러한 추세가 지속되면 미래의 희망은 사라질 것이다. 이에 그린피스 등 많은
NGO 단체들이 이러한 문제에 대한 인류의 진지한 인식을 촉구하고 있다.

소위 3R이라는 환경 슬로건이 있다. 적게 배출하고(reduce), 다시 사용하고
(reuse), 재활용(recycle)함으로써 지구의 자원을 보호하고 환경을 보존하고자 하
는 최상의 전략이다. 이 전략의 한 축을 차지하고 있는 재활용 기술에도 화학의
역할은 크다.

길거리에 10원짜리 동전이 떨어져 있어도 아무도 관심을 보이지 않을 만큼 지금
은 풍요로운 시대이지만 우리나라도 한때 길거리에서 못을 비롯한 철조각을 모아
고물상 또는 엿장수에 가져가던 시절이 있었다. 현재도 쓰레기를 뒤지는 사람들
이 존재하듯이 쓰레기는 제2의 자원이다. 한정된 자원이 고갈될 미래에 쓰레기의
소유권을 주장하며 전쟁이 일어날 수도 있다면 너무 과장된 이야기일까?

플라스틱은 현대 문명의 상당 부분을 차지하고 있는 중요한 재료이다. 그러나 동
시에 버려진 플라스틱은 처리하기에 골치 아픈 쓰레기이다. 1년에 배출되는 양은
어마어마하고 부피도 크고 소각시키면 다이옥신을 비롯한 유독성 물질을 배출해
함부로 처리할 수도 없다. 또한 최근의 정보산업의 발달에 따라 컴퓨터와 휴대전
화의 일생은 더욱 짧아져 폐기되는 이러한 물질의 양은 기하급수적으로 증가하고
있다. 이러한 폐PC와 폐휴대전화는 납과 베릴륨, 비소, 브롬계 난연제, 갈륨비소
반도체 등 유해물질을 배출할 수 있어 정당한 절차를 거쳐 처리되어야 한다. 그러

화학 마을 제3구역,
유기화합물을 연구하는 곳

나 폐PC와 폐휴대전화은 유해한 성분만 포함하고 있는 것은 아니다.

여기에는 금, 은, 팔라듐 등과 같이 값비싼 귀금속도 포함돼 있다. 이뿐 아니라 구리와 주석, 니켈, 탄탈륨 등 유가금속을 함유하고 있어, 이들을 '도시광석'이라고 부르기도 한다. 천연자원이 부족한 산업국가로서 대부분의 금속자원을 외국으로부터 수입하고 있는 우리나라로서는 폐PC와 폐휴대전화 등과 같은 폐기물은 단순한 쓰레기가 아니라 귀중한 자원인 것이다. 한 예로 약 12만대의 폐휴대전화을 처리하면 약 1kg의 99.9% 금괴 즉 1만 달러 정도를 회수할 수 있다고 한다.

또한 석탄회와 제강 슬래그, 제강분진, 소각재 등의 무기계 폐기물 등이 있다. 이들의 국내 연간 발생량은 약 7천만 톤에 달할 정도로 막대하지만 재활용률은 극히 낮은 실정이다. 하지만 실제로 각종 무기계 폐기물은 대부분 재활용이 가능한 성분으로 구성돼 있기 때문에 적절한 기술을 적용하면 순환자원화할 수 있다. 무기 폐기물은 세라믹의 다른 이름으로 세라믹 원료의 성분인 알루미나(Al_2O_3), 규사(SiO_2), 또는 멀라이트(Mullite) 등으로 구성돼 있어 적절한 선별과 처리를 거치면 훌륭한 세라믹 원료가 될 수 있다.

따라서 각 폐기물의 조성을 파악하고 폐기물을 과학적이고 체계적으로 분류해 최적의 복합 처리를 하면 첨단의 기능성 세라믹원료로 순환자원화할 수 있다. 즉 석탄회, 석분, 소각재 등을 이용해 벽돌, 바닥재, 골재, 보도블록, 시멘트 등의 '에코건자재'를 제조할 수 있는 첨단 세라믹 원료로 순환자원화시키는 것이다.

각종 폐기물들의 재활용 기술을 간단히 살펴보면 플라스틱의 경우는 열분해로 기름 또는 구성물질로 회수하는 기법이 활용된다. 산소가 없는 환경에서 열처리를 하면 플라스틱을 구성하고 있던 구성물질로 분해된다. 열분해에 의해 분자량이 작아

진 플라스틱은 액체로 변하고 액상 플라스틱은 감압 증류탑으로 이동해 녹는점에 따라 휘발유와 등유, 경유 등으로 분별 정제된다. 플라스틱을 구성하는 유기화합물은 주로 탄소와 수소로 구성되어 있으므로 결국 휘발유 등의 기름을 생산하게 되는 것이다.

열분해 공정은 가열장치가 달린 반응기에 원료를 넣고 반응시켜 발생되는 오일증기를 응축시키는 것으로 비교적 간단하나 플랜트 규모가 커지면 그렇지 않다. 원료를 투입할 때 플랜트 내부에 있는 가스가 누출되면 환경이 오염될 뿐더러 공기가 반응기 내부로 유입되면 폭발사고의 위험이 따른다. 또한 플라스틱 중에는 PVC(염화비닐)가 들어있어 가열하면 유독한 염산가스가 발생한다. 따라서 플라스틱을 녹이는 과정에서 염산가스를 제거하는 것과 녹은 플라스틱이 온도가 떨어지면 고체화되어 파이프를 막는 현상 등과 같은 몇 가지 문제를 해결해야 한다.

해결해야 할 또 하나의 문제가 있다. 그것은 불순물과의 분리과정이다. 이러한 과정은 분리수거 등의 협조를 통하여 경제성을 높일 수 있기 때문에 일반인들의 적극적 참여가 중요하다. 우리나라의 한국로코코 공장에서는 PVC, 비닐, 스티로폼 등이 섞인 플라스틱 혼합쓰레기를 녹여 휘발유와 경유 등 재생연료를 매일 5톤가량 생산할 수 있다.

폐PC와 폐휴대전화의 재생은 분말화시킨 후 유기성분을 구분하고 몇 가지 공정을 거쳐 성분별로 분리된 금속성분은 다시 적절한 산이나 알칼리 용액으로 녹인 뒤 금과 은, 백금 등으로 분리·정제된다. 이 공정을 이용할 경우 금은 물론이고 팔라듐, 로듐 등 금보다 비싼 귀금속들도 동시에 농축, 회수할 수 있다. 또 다른 방법은 구리 제련로에 투입하는 방법이다. 이 과정에서는 PCB(회로기판) 조각과 구리를 적절한 용제와 함께 높은 온도에서 녹인다. 구리와 함께 녹은 PCB 속의

화학 마을 제3구역
유기화합물을 연구하는 곳

유가금속은 금속의 특성으로 인해 구리 쪽으로 모두 모이게 된다. 구리가 PCB 속의 금속을, 자석이 철을 당기듯 모두 모으는 것이다. 이런 성질을 빗대어 구리를 '포집금속'이라고도 한다. 구리 속으로 들어간 유가금속은 전기분해에 의해 다시 정제된다. 구리 유가금속의 덩어리를 양극에 걸고 전기분해를 하면 유가금속보다 이온화 경향이 큰 구리는 모두 분리돼 음극 쪽으로 모이고 양극에는 유가금속만 남게 된다.

지난 2001년 경기도 화성에 설치한 귀금속 회수 파일럿 플랜트(pilot plant)는 PCB의 분리에서부터 귀금속의 회수까지 모든 공정이 자동화돼 있어 연간 약 300억 원 정도의 귀금속을 회수할 수 있을 것으로 전망된다. 특히 이번 파일럿 플랜트는 순 국내기술로 자원회수와 환경보호를 이뤄냈다는 점에서 경제적 효과뿐 아니라 사회적 의의도 매우 크다.

현재의 재생 기술로는 경제성을 충분히 확보하기는 어렵지만 지구의 미래와 후손을 위해 반드시 확보하여야 할 기술임이 틀림없다. 이 기술 역시 화학의 기초지식을 바탕으로 하고 있다. 화학은 지구환경을 지키는 첨단과학 기술이다.

미래의 유기화학을 엿보다
-교수님 연구실 탐방기 3

연세대 김관수 교수님의 생활성 분자 하이브리드 연구센터

2003년 과학기술부 우수 연구센터로 지정된 생활성 분자 하이브리드 연구센터에서는 여러 가지 생체 분자와 생활성 분자 등 다양한 유기 화합물을 합성하는 연구가 이뤄지고 있다. 이곳의 화학자들은 무기 및 분석화학자와의 공동연구를 통해 이 분자들의 성질을 분석하고 이들의 응용가능성을 높이고자 애쓰고 있다.

현재의 생명과학은 생물학, 유전공학, 의학 등을 포함하는 좁은 범주의 학문의 경계를 넘어 화학, 물리학, 정보학 등의 분야를 포함하는 넓은 의미의 새로운 과학으로 변하고 있다. 특히 화학은 새로운 생명과학의 중심부로 옮겨가고 있으며 중요성이 점차로 증대되고 있다. 생물학적 과정이 화학반응에 근거한 것이고 관계된 분자들의 구조와 상호작용에 의존하기 때문이다. 따라서 생물학적 과정을 분자수준에서 근본적으로 연구하지 못하면 생명현상을 정확히 이해하지 못하게 될

화학 마을 제3구역,
유기화합물을 연구하는 곳

것이고 생명과학 자체의 발전을 기대하기 어렵다.

현대 유기 및 생화학 분야의 연구는 생명과학 분야에 서 생물학적 과정을 분자수준에서 연구하는 추세에 동참하고 있다. 이러한 기초연구 결과는 다양한 분야에서 응용될 수 있다. 새로운 개념의 신약개발, 여러 가지 질병과 암 예방 및 치료를 위한 백신 개발, 생체분자 검출용 나노바이오 소자와 시스템 개발 등 우리의 건강과 토지에 관련된 유용한 결과물들이 나오고 있는 것이다.

인하대 나노시스템공학과 최형진 교수님의 고분자화학

최 교수님의 고분자화학 연구실에서는 최적의 차세대 복합재료를 개발하기 위한 연구가 이뤄지고 있다. 미생물에 의해 분해되는 고분자와 첨단기능성 고분자를 이용해 복합재료를 개발하는 것은 물론 최적의 조건을 갖춘 세라믹 혹은 금속 나노입자를 분산시킨 잉크를 개발하여 미래의 반도체 및 전자재료 개발에 활용하기 위해 힘쓰고 있다.

자연에서 추출한 생분해성 고분자에 합성 생분해성 고분자를 혼합하여 다양한 나노복합재료를 제조한다. 그 예로 옥수수에서 추출한 poly(L-lactide)는 기계적 물성이 좋고 생분해도가 높아 여러 가지로 응용이 가능하다. 이러한 PLLA의 가공성을 높이고 가격적인 부분을 해결하기 위하여 합성 생분해성 고분자들과 혼합하여 다양한 나노복합재료를 제조하는 것이다. 그리고 이렇게 개발된 나노복합 재료를 센서 혹은 생체 기능성 물질로 활용하기 위한 연구도 활발히 진행 중이다.

또한 각광받고 있는 디스플레이 산업과 전자재료 산업에서 앞장서기 위해 잉크젯과 같은 프린팅 기술 개발에도 노력하고 있다.

잉크의 잘 흐르거나 고정되는 특성은 프린팅 조건을 결정하는 중요한 요소이다. 따라서 첨가제나 나노입자의 특성을 연구하고 개발하여 보다 좋은 프린팅 조건을 갖출 수 있는 것이다. 이러한 연구 결과는 잉크젯 프린팅에 쓰이는 잉크 개발에 있어서 반도체 산업 등에 많이 사용될 수 있는 세라믹 혹은 금속 나노입자 분산 잉크를 제조하는 데 목적이 있다. 특히, 고분자 첨가제 등의 첨가조건을 고려하여 최적의 잉크 조건을 설립하는 데 연구의 목표가 있다.

'교수님 연구실 탐방기'의 이야기들은 대한화학회가 발간한 〈화학세계〉에 실린 것들입니다.

화학 마을 제3구역,
유기화합물을 연구하는 곳

원자설과 분자설

최초의 원자량표 탄생

원자설은 돌턴에 의해 제안되었으나 화학적 배경에서 얻어진 것이 아니라 물리적 현상의 연구에서 유도되었다. 돌턴은 공기의 균일성을 설명하기 위해 한 기체의 입자는 자신과 같은 종류의 입자들과만 반발하며 혼합기체에서는 서로 아무런 힘이 작용하지 않는다는 잘못된 가정에 기반을 두고 오늘날 부분압 법칙으로 알려진 현상을 제안하였다. 그러나 이러한 가정을 이해할 수 있는 이론을 정립할 수 없었던 돌턴은 몇 번의 수정을 거쳐 1803년 서로 다른 크기와 무게에 대한 이론을 발표하였고 이는 1805년 활자화되었다. 이때 최초의 원자량표가 발표되었으나 계산과정은 명확하지 않았다.

원자 개념의 등장

1808년 〈화학철학의 새 체계〉에서 돌턴은 모든 물질의 최종입자들을 '원자(atom)'라고 명명하였다. 원소들은 단순한 원자들로 구성되었고 화합물은 화합물 원자로 구성되었다고 제안한 것이다. 또한 두 원소가 결합하여 한 화합물을

용어 팁

배수비례의 법칙 같은 원소로 구성된 2개 이상의 화합물에서 일정한 양의 한 원소와 결합하는 다른 원소의 무게 사이에는 정수비가 성립

기체 반응의 법칙 기체 반응에서 반응물과 생성물의 부피 사이에는 간단한 정수비가 성립

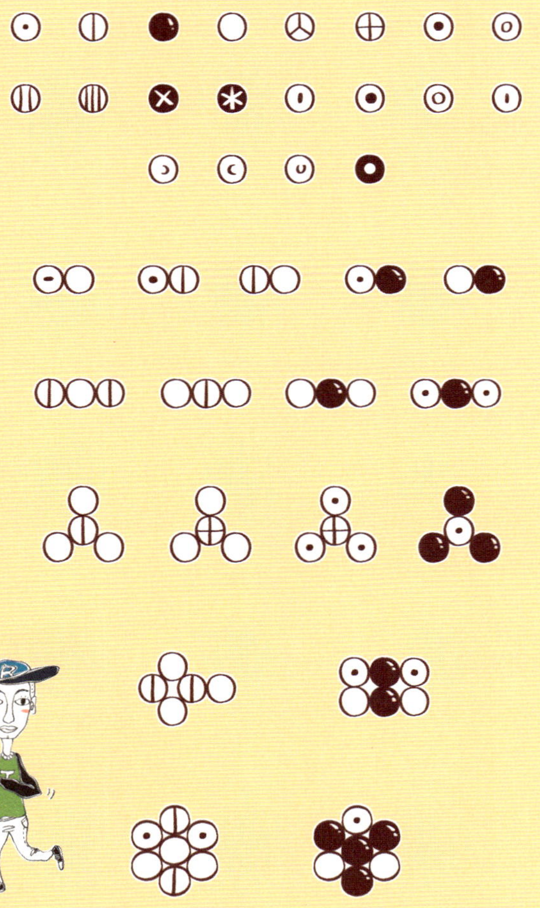

돌턴의 원자 및 분자기호

화학 마을 제3구역,
유기화합물을 연구하는 곳

만들게 되면 각각의 원자 하나를 포함한다는 '단순성의 원리'를 적용하여 수소, 산소, 탄소, 질소 등의 원자량과 조성을 제시해 일정성분비의 법칙을 설명하였다. 또한 돌턴은 원자기호를 제안하여 화합물의 구조와 결정의 기하구조를 설명하는 데 일조하기도 했다.

그러나 단순성의 원리에 기초한 돌턴의 원자설은 기본가정이 틀린 경우에는 화합물 원자의 조성을 알 수 없다는 예상 때문에 많은 화학자의 지지를 얻어내지는 못했다. 하지만 일정성분비의 법칙과 아울러 배수비례의 법칙을 잘 설명하고 있다는 데는 동의를 얻을 수 있었다.

한편, 1808년 게이뤼삭에 의해 발표된 '기체 반응의 법칙'은 같은 부피의 기체가 같은 수의 단순한 원자나 화합물 원자를 함유할 수 있다는 관점에서 원자설의 인정에 도움을 줄 수 있는 것이었다. 하지만 산소 기체가 보다 복잡한 원자들로 구성된 일산화탄소 기체보다 밀도가 무겁다는 사실과 질소 1부피가 산소 1부피와 결합하여 2부피의 일산화질소가 얻어진다는 사실은 질소 원자 1개와 산소 원자 1개가 반응하여 일산화질소 1개가 만들어지면 1부피가 생성될 것으로 예상하는 원자설과는 맞지 않았다.

원자설의 혼란을 해결한 분자설 등장

이러한 부조화를 해소시킬 아이디어를 낸 것은 아보가드로였다. 그는 1811년 기체 원소들의 입자가 반응 중 둘로 나누어진다면 게이뤼삭의 기체반응의 법칙을 설명할 수 있다고 지적함으로써 분자의 개념을 제안한 것이다. 그러나 이러한 가정을 설명하기에는 어려움이 많았다. 우선 용어가 어려웠으며, 같은 원자 간 결합과 원소의 기본입자가 1개 이상의 입자를 포함한다는 혁신적 내용 때문에 주목받지 못했다. 분자설을 정리한 것은 칸니차로였다. 그는 1860년 칼스루헤의 국제회의에서 정리된 분자설을 발표했다.

또한 용어의 어려움을 해결한 것은 베르젤리우스였다. 그는 1813년 현대화학에서 사용하는 화학원소 기호체계인 원소이름의 첫 글자 또는 같은 문자로 표시되는 원소의 경우는 소문자를 두 번째 문자로 추가하는 방법을 제안하여 돌턴의 기호를 대체하였다. 처음에는 1부피의 원소를 표시하기로 제안하였지만 나중에는 원소의 한 원자를 나타내게 되었다.

돌턴의 원자설이 자리를 잡아감에 따라 원자량의 확립이 가장 큰 관심이 되었고 대부분의 원소들이 산화물을 만들었기 때문에 처음에는 산소를 기준으로 원자량이 정해졌다. 기준이 되는 산소의 값에 대하여는 논란이 있었지만 베르젤리우스가 1826년에 정한 원자량(O를 100으로 하는 기준 사용)은 오늘날 사용하는 원자량(O가 16)으로 환산하면 거의 일치할 정도로 정확한 수치를 얻게 되었다.

이러한 발전에도 불구하고 고대 지식의 영향에서 완전히 벗어나지 못한 당시에는 우주에 많은 기본원소가 존재함을 받아들이지 못했다. 라부아지에는 31개, 베르젤리우스는 49개 원소가 존재함을 제시했지만 받아들여지지 않은 것이다. 하지만 원소로 제시된 물질이 화합물로 분해된다는 것이 알려짐에 따라 전환을 맞게 되었다. 1816년 프라우트는 물질의 근본은 수소라는 가설까지 제안하게 되었고, 톰슨은 이러한 제안을 받아들여

1825년 〈실험에 의한 화학의 제일 원리의 확립시
도〉라는 책에서 모든 원소의 원자량을 수소의 정수
배로 표시하기도 하였다. 그러나 베르젤리우스는 원소들의
원자량이 수소의 정수배가 되지 않는 것이 사실임을 지적
하였고 다른 학자들에 의해서도 확인되어 이러한 가설
은 인정받는 데 실패했다.

이렇게 이 시대에는 많은 화학적 지식을 새롭게 획득하였음에도 불구하고
원자설이 인정되지 못하였으나 1860년 이후 아보가드로의 분자가설의 수
용이 전제되면 원자량과 화학식 간의 혼란이 종식될 가능성이 제기되었
다. 또한 주기율표, 원자가와 화학식의 개념이 유기화학의 많은 현상을 설
명하게 되면서 인정하는 분위기가 서서히 확산되었다.

전기의 화학적 효과에 대한 관심

18세기 이후 전기의 화학적 효과에도 체계적인 연구가 이루어졌다. 그전
까지 정전기적 현상은 잘 알려져 있었지만 전류에 의한 화학적 변화는 거
의 연구되지 못했다. 그러나 1780년 갈바니가 절단한 개구리 다리가 2개
의 다른 금속과 접촉하면 수축하는 현상을 발견했고, 볼타가 동물 없이도
금속을 소금물에 적신 종이와 접촉할 경우에 전류가 발생하는 현상을 보
고하면서 전기의 화학적 효과에 대한 연구가 시작된 것이다.

데이비는 이러한 연구를 통하여 전기가 발생하는 것이 다른 금속들의 접
촉에 의한 것이 아니라 화학반응의 결과임을 입증하였고 물의 전기분해현

상도 관찰하였다. 이러한 연구결과를 기초로 데이비는 화학적 친화성이 본질적으로 전기적이라는 사실을 제안하였고 용융 NaOH, KOH를 이용하여 금속 나트륨(소듐)과 칼륨(포타슘)을 분리하기도 했다. 또한 칼슘(Ca), 바륨(Ba), 스트론튬(Sr), 마그네슘(Mg) 등도 아말감(수은과의 혼합물)을 이용하여 분리하는 데 성공하였다. 그는 또한 염산으로부터 염소(Cl_2)를 분리함으로써 산성물질에 꼭 산소가 존재하는 것은 아니라는 것을 증명했고, 라부아지에와 달리 연소에 있어서 산소가 필수적이지 않을 수도 있다고 생각하게 되었다. 이후 데이비를 비롯한 게이뤼삭, 테나르 등은 플루오르(F) 화합물과 요오드(I) 화합물을 연구하였고 염소와 요오드의 유사성도 확인하였다.

전기분해법칙 발견

데이비와 베르젤리우스는 화학적 친화력의 본질이 전기적일 수 있음에 착안하여 원자가 양전하 또는 음전하 중 한 가지가 우세하게 된다는 이중설을 제안하였고 화학결합에 대한 초기 이론을 형성하였다. 이로써 다양한 화합물이 형성한다는 것을 설명하는 것이 가능해진 것이다. 또한 베르젤리우스는 전기친화도의 순서로 원소를 나열하였는데 이는 현재의 전극전위의 순서와 비슷하다. 그러나 그가 제안한 이중설은 같은 원자 간 조합을 허용할 수 없어 분자설을 받아들이는 데 장애가 되었다.

전기의 화학적 효과를 연구한 또 한명의 과학자가 패러데이다. 그는 처음에는 데이비의 조수였는데, 독립적으로 연구를 진행하면서 빛에 의한 염

소치환반응으로 탄소의 과염화물(C_2Cl_6) 생성을 발견하고 벤젠, 이소부텐(C_4H_8) 등 유기화합물의 분리와 다양한 기체물질의 액화어 성공하였다. 그 후 그는 전기에 대한 연구를 시작하여 1831년 전자기 우도 현상과 전기분해 시 흘린 전류의 양에 따라 생성된 물질의 양이 결정된다고 하는 '전기분해 법칙'을 발견하였다. 전기화학에 필요한 전극, 음극, 양극, 이온, 전해질, 전기분해 등의 용어를 제안하여 이 분야가 발전하는 기틀을 마련한 것이다. 다만 이온의 개념은 현대의 전하를 띤 입자라는 가념과는 달리 이동하는 물질을 의미하였고 따라서 음이온은 양극으르 이동하는 물질을 의미하였다. 그러나 패러데이는 원자설에 대하여 회의적이었다. 그는 원자보다 더 작은 물질로 분해될 수 있을 것으로 믿었던 것이다.

화학 마을
제4, 5구역

물리화학은 무엇일까?

물리화학은 화학의 다양한 반응에서 일어나는 현상을 이론적이고 체계적으로 설명하는 분야이다. 즉, 화학반응의 에너지관계와 동역학적 특성을 연구하는 분야이다. 이 분야의 세부 분야로는 화학 열역학, 화학 반응속도론, 전기화학, 통계역학, 분광학, 양자화학, 표면화학 등이 있다.

최근에는 급속하게 발전한 컴퓨터의 계산능력을 이용하여 화학적 문제를 해결하고 있다. 이에 따라 컴퓨터 프로그램을 개발하고 응용하는 분야인 계산 화학 분야의 발전이 급속하게 이뤄지고 있다. 컴퓨터를 이용하여 화학 반응경로를 계산하고 복잡한 분자의 타당한 구조 예측을 하는 것이 가능하며 이러한 결과를 이용해 의약화학에서 가능성 있는 치료제의 구조를 예측하는 데 많은 공헌을 하고 있다.

물리화학은 크게 이론화학과 실험화학으로 나뉜다. 이론화학은 직접 실험을 하는 것이 아니라 실험에서 얻어진 자료와 순수한 이론적 논

거로 화학현상을 설명하는 것이다. 반면 실험화학은 주로 실험을 이용하여 이미 확립된 이론을 뒷받침하거나 기존의 이론으로 설명할 수 없는 새로운 현상에 관련된 자료를 얻고자 하는 것이다. 이론화학은 응집물리학, 분자물리학 등과도 상당한 부분이 겹쳐 경쟁고- 협조하에 연구를 진행하고 있고 재료과학의 발전에 따라 새로운 현상을 설명하는 데 큰 공헌을 하고 있다.

전공과목
알아보기

기본 과목

물리화학 I (Physical Chemistry I) 열역학 제0법칙, 상태방정식, 열역학 제1법칙, 열역학 제2법칙 및 제3법칙, Gibbs 에너지, 화학 퍼텐셜, 화학평형, 상평형 : 1성분계와 이상용액, 상평형 : 비이상용액 등을 배운다.

물리화학 II (Physical Chemistry II) 전기화학평형, 표면 열역학, 기체 분자운동론, 실험적 기체 반응 속도론, 이론 기체 반응 속도론, 액상 반응 속도론, 광화학, 용액 중의 비가역과정 등을 배운다.

물리화학실험(Physical Chemistry Lab) 액체 점성도, 증기압의 온도 의존성, 열량계법, 기체-액체 상평형, 화학 평형상수의 결정, 흡착평형, 반응속도론, 산 촉매 반응속도 측정, 반응속도상수의 온도 의존성 등을 배운다.

심화 과목

분자분광학(Molecular Spectroscopy) 분자의 대칭성 및 군론의 원리와 응용, 분자분광학의 기본개념과 각종 최신 분광법의 물리화학적 원리, 분자의 구조 결정과 제반 성질측정의 응용 등을 배운다.

기초양자화학 (Introductory Quantum Chemistry) 양자역학의 역사적 배경, 기본 가정, 기본 원리에 관한 내용이다. 간단한 몇 가지 계들에 대한 정확한 양자역학적 해법, 원자의 전자구조와 스펙트럼 및 주기적 성질, 분자의 전자구조와 분자궤도함수, π전자계의 전자구조, 고체의 성질, 분자의 대칭성 및 그 응용, 통계역학의 기본가정, 기본 원리, 열역학 및 화학평형의 응용 등을 배운다.

물리유기화학 (Physical Organic Chemistry) 화학 결합, Hückel 분자궤도 함수법, 공명에너지와 방향족성, 반응속도론적 동위원소효과, 자유에너지의 직선관계, 산-염기 촉매, 용매효과 등을 배운다.

반응속도론(Chemical Kinetics) 반응 속도론의 기초개념, 반응속도론적 결과에 대한 분석, 활성화 에너지, 반응속도이론, 기체상 단일단계 반응, 용액상 단일단계반응, 표면반응, 복합반응, 균일촉매작용, 반응동력학 등을 배운다.

전산화학 (Computer Application in Chemistry) 컴퓨터의 화학응용에 대한 개관, 몇 가지 단순한 수치 계산 방법, 화학의 열 문제들에 대한 컴퓨터 프로그래밍 및 소프트웨어 응용, 화합물의 구조 정보에 대한 컴퓨터 응용, 실험자료 및 분자모형의 그래픽 모사 등을 배운다.

서강대 성봉준 교수님 재료과학 연구실

전산화학은 화학이론과 컴퓨터를 이용하여 물질 및 반응과정을 연구하는 분야로 컴퓨터의 발달로 빠르게 발전하고 있다. 그리고 이는 재료과학, 의약화학, 최적 분자구조 및 반응 메커니즘 연구 등 많은 분야에 활용되고 있다.

재료과학은 신소재를 발견하고 개발하는 학문이다. 신소재의 구조와 성질과의 관계를 규명하고 신소재를 제조하는 공정까지 연구하는 종합적인 학문인 것이다. 신소재에 대한 수요는 IT 산업의 급속한 성장과 함께 꾸준히 증가하고 있으며, 많은 연구소와 화학 산업들이 전자와 에너지 재료에 투자하고 있다. 또한 최근에 물질의 크기와 배열이 나노 스케일에서 조성되면 독특한 성질이 발현된다는 것이 알려지면서 나노 크기의 신소재 개발을 위한 연구가 활발히 진행되고 있다. 화학은 나노 크기의 물질들을 이해하는 데 필요한 이론과 나노 크기의 물질을 합성하고 가공하는 방법을 제공하기 때문에 재료과학에서 중심학문으로 자리를 잡고 있다. 화학의 한 분야인 전산화학은 화학 이론과 컴퓨터 모의실험을 토대로 다른 화학 분야와 함께 재료과학의 발전에 큰 공헌을 하고 있다. 액체상 물질에 대한 최초의 컴퓨터 모의실험은 1953년 미국 Los Alamos National Lab에서 MANIAC이라는 당시 가장 빠른 슈퍼 컴퓨터를 이용하여 수행되었다. 이후 컴퓨터 성능이 발달하고 효과적이고 정확한 알고리즘이 개발되어 컴퓨터 모의실험을 할 수 있는 물질의 대상은 기하급수적으로 증가했다.

최근에는 작은 분자의 반응 동력학부터 블럭 공중합체(block copolymer)로 이루어진 나노재료까지 다양한 분야에 전산화학이 응용되고 있다. 전산화학은 기존의 수립된 화학이론을 엄밀하게 검증할 수 있는 토대를 제공하고, 실험 결과를 설명하거나 실험으로 얻기 힘든 물질의 성질을 예측하는 역할을 하며, 컴퓨터 모의실험을 통하여 실험을 설계하는 데 도움을 주기도 한다.

재료과학에서 사용되는 물질은 공간적, 시간적으로 다층적 구조를 가지고 있어 서로 다른 공간 스케일 간의 상호작용에 의해 결정된다는 사실을 고려하여야 한다. 그러나 전산화학에서 사용하는 대부분의 모의실험 기법은 이러한 다층적 상황을 다루기에는 아직 역부족이기 때문에 한정된 공간과 시간 스케일에 제한된다.

따라서 재료물질의 종합적 이해를 위해서는 전산화학의 여러 가지 접근법을 이용하여 다층적으로 물질의 성질을 연구할 필요가 있다.

시카고 대학 탐방기

자연 과학의 선두주자는 과연 어느 대학일까? 물론 그 우위를 다루는 것은 쉬운 일은 아니다. 세계 최고의 명문 하버드 대학과 예일 대학을 비롯한 아이비리그 대학들은 저마다의 커리큘럼을 갖고 우수한 인재 양성을 위해 힘쓰고 있다.

그중에서 현재까지 노벨상 수상자를 가장 많이 배출시킨 시카고 대학을 살펴보자. 도대체 어떤 비결이 있기에 현직 대학 교수와 졸업생 등을 통틀어 70여 명의 노벨상 수상자를 배출한 것일까? 미국의 수상자가 300여 명임을 감안할 때 이는 매우 놀라운 수이다.

세계 최초로 원자탄 이론을 완성시킨 것으로도 유명한 시카고 대학은 여러 가지 새로운 프로그램들을 개발하면서 출발부터 많은 관심을 받았다. 가장 대표적인 것이 1년을 2학기로 나눈 학기 제도 대신에 4학기로 나눈 쿼터제를 실시한 것이다. 한국 대학들도 이 미국 학제를 본받아 대부분 2학기제를 두고 있는 것과 비교하면 이 4학기제는 매우 특이하다.

이 외에도 이 대학은 학부생의 일반 교육을 위해 교수와의 밀착 교육을 실시하기도 했다. 또한 의과 대학에 시간제가 아닌 풀타임 교수제를 실시한 것도 시카고 대학이 처음이다. 학교에 등교를 하지 않고 공부가 가능한 통신 강의를 실시한 것도 시카고 대학이 처음이다.

시카고 대학은 실용적인 학문보다는 순수학문에 치중하는 전통적 경향을 띠고 있다. 처음부터 전문직을 위해 즉 직업을 위해 시작한 프로페셔널

스쿨을 제외하고는 대부분의 교육이 정통 학문을 강조하고 있다. 그 흔한 공과대학이 시카고 대학에는 존재하지 않는다는 점도 그런 시카고 대학의 학풍을 반영하고 있는 것이다.

순수학문을 지향하다 보니 공부하는 시간도 오래 걸리는 것이 이 대학의 특징이다. 이런 점은 대학원 과정에서 더욱 두드러진다. 예를 들어 정치학 박사과정의 경우 통상적으로 다른 대학에서는 3년이면 가능한데도 이 대학에서는 보통 5년 이상 걸리고 있다.

이 같은 학풍으로 시카고 대학은 미국 내 최다 노벨상 수상자와 최대 교수 배출 대학이라는 기록을 갖고 있는 것이다.

생화학은 무엇일까?

생화학은 생명체에서 발견되는 화학물질, 반응, 상호작용 등을 다루는 분야이다. 생화학은 유기화학과 밀접한 관계를 가지고 있고 효소와 효소가 관계하는 반응 등에 있어서는 무기화학과도 연관되어 있다. 최근 주목을 받고 있는 의학화학과 신경화학과도 불가분의 관계를 유지하고 있으며 인접 학문인 생물학, 유전학, 미생물학 등과도 밀접한 관계가 있다.

따라서 생화학을 공부하고자 하는 학생들은 위 분야의 기초적 지식을 습득하는 것이 무엇보다 필요하다.

> 생화학은 생명체에서 발견되는 화학물질, 반응, 상호작용 등을 다루는 분야이다.

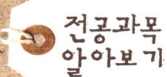

기본 과목

생화학I(Biochemistry I) 단백질 구조와 작용, 효소와 메커니즘, 세포막, 탄수화물, 아미노산과 지방산의 신진대사 등 생화학 기초를 배운다.

생화학II(BiochemistryII) DNA 구조, 복제와 수선, 재결합과 전위, RNA 합성과 분할, 유전자정보의 흐름, 단백질 과녁, 유전자 발현의 조절 등 현대적인 생화학을 습득한다.

심화 과목

세포 생화학(Celluar Biochemistry) 생명체의 기본 단위인 세포의 생명 활동을 이해하기 위하여 세포의 물리화학적 구성과 구조, 세포소기관의 구조와 기능, 세포 분열의 생화학적 원리를 배운다. 특히 유전 정보의 발현과 조절, 세포 골격, 세포 분열, 세포 간의 상호작용, 신호전달 및 암 유발 기작을 통해 세포에 기초한 생명의 원리를 이해하게 된다.

생화학특론(Special Topics in Biochemistry) 생화학 분야에서 최근에 초점이 되고 있는 관심 분야의 선택된 주제에 대해 공부하기 위해 개설된 강의로 개설 학기마다 그 주제와 내용이 바뀔 수 있다. 생화학 전반에 대한 강의라기보다 특정 분야를 선택하여 심도 있게 공부하기 위한 과목이다.

미래의 생화학을 엿보다
-교수님 연구실 탐방기5

study
#04

인하대 이건형 교수님의 프리온병 연구실

알츠하이머병, 파킨슨병, 광우병 같은 병을 프리온병이라 한다. 전염성을 가진 단백질 입자인 프리온에 의해 생기는 병이라 하여 프리온병이라 부른다. 정확한 원인은 밝혀지지 않았지만 단백질대사 과정에서 아밀로이드 섬유의 형성이 주요 원인으로 간주되고 있다.

최근 고령 인구가 증가하면서 노인성 치매를 유발하는 알츠하이머병이 사회적으로 큰 문제로 부각되고 있다.

하지만 현재까지 개발된 알츠하이머병에 대한 치료방법은 근본적인 치료가 아니고 일시적으로 증세를 경감하는 정도의 효과만을 보이고 있다. 최근 신경 분야와 생명과학의 발전으로 베타 아밀로이드(A_β)의 생성 관련 연구가 활발히 진행되고 있다. 생화학 및 화학 분야에서는 분자 수준에서 베타 아밀로이드를 연구하고 이를 억제하는 물질을 개발하기 위해 애쓰고 있다. 이처럼 영상용 의약품 등 연구 분야는 사회에서 꼭 필요한 분야이며, 그런 만큼 발전 가능성도 높다. 또한 나노 화학 분야에서는 이러한 성질을 이용한 나노 튜브 연구 등에 대한 관심이 고조되고 있다.

이화여대 윤주영 교수님의 형광화학 센서 연구실

화학센서란 어떤 물질이나 에너지의 존재를 감지할 수 있는 무생물적 화합물로 설명되며, 바이오센서는 어떤 물질이나 에너지의 존재를 감지할 수 있는 생물학적 물질로 정의되지만 최근에는 더 넓은 의미로 사용되어 화학센서와 구분이 쉽지 않은 경우도 있다.

화학센서가 완성되기까지는 화학, 물리, 생명과학, 전자, 전기 및 나노과학에 이르는 다양한 전공이 필요하며 분석하고자 하는 물질 또는 에너지를 감지하는 방법에도 형광, 색변화, 전기화학적 분석방법 등이 이용된다. 여러 분석방법 중에서 형광을 이용하는 방법은 10^{-9}m 농도에서도 신호를 관찰할 수 있는 뛰어난 감도, 비교적 간단한 측정 방법 등의 장점이 있다. 최근 초분자화학에 대한 이해와 연구는 선택적으로 이온 또는 여러 가지 다른 종류의 분석물질들과의 결합 가능한 host의 설계에 중요한 정보를 제공하여 왔으며 최근 이러한 초분자 화합물을 형광물질에 연결함으로써 특정 분석물질과의 선택적 결합을 형광변화를 이용하여 보다 쉽게 관찰할 수 있는 형광 화학센서

의 개발 연구에 큰 도움을 주고 있다. 또한 이 분야의 연구는 최근 세포 내 신호전달 체계에 대한 연구와 관련하여 세포 내에서의 이미지화, 환경적으로 중요한 이온 및 중성 유기분자의 검출 필요성으로 많은 관심이 집중되고 있는 분야이다.

또한 진단 키트, 진단 시약 등의 응용을 위해 바이오, 나노, 고분자 분야와의 공동연구도 기대되고 있다.

'교수님 연구실 탐방기'의 이야기들은 대한화학회가 발간한〈화학세계〉에 실린 것들입니다.

원자와 분자의 개념을 성립하다

원소의 함량을 측정하는 기술의 완성

연금술사와 초기 화학자들에 의해 합성되기 시작하였던 유기화합물의 수는 19세기 초에 들어 급격히 증가하였다. 뵐러와 콜베에 의해 실험실에서 합성이 되면서 생명체에서 생성될 수 있다는 생기(활력)론이 폐기되었고 유기화합물의 조성과 구조를 알고자 하는 연구가 활발히 진행되었다. 조성을 알기 위해서는 각 원소 특히 탄소와 수소의 함량을 측정하는 기술을 완성하는 것이 무엇보다 절실한 문제였는데 이는 리비히에 의해 확립되었고 곧이어 뒤마에 의해 질소함량을 정량하는 방법이 완성됨으로써 조성을 확인할 수 있게 되었다. 그러나 화합물들의 조성으로부터 화합물의 화학식을 구할 때 원자량이 정확하지 않기 때문에 많은 문제가 있었다. 이러한 문제는 34년 후에 증기-밀도 측정에 의해 해결되었다. 아보가드로의 같은 부피에는 같은 입자수가 있다는 가설을 받아들임에 따라 가능하게 된 것이다.

유기화학의 연구

두 화합물이 똑같은 원소 조성을 가짐에도 불구하고 다른 성질을 나타내는 현상이 발견되었다. 베르젤리우스는 이를 이성질 현상(isomerism)이라고 명명하였는데, 이는 그리스어의 똑같은 두 부분

이라는 말에서 유래된 것이다. 베르젤리우스는 무기화합물
과 같이 유기화합물에도 이중설을 적용하기도 하였으나 뒤마
로부터 시작된 유기화합물의 치환반응에 대한 연구 결
과 서서히 붕괴되었다.

한편, 라부아지에에 의해 도입된 라디칼의 개념은 유기화학의 연구에 상
당히 많은 혼란을 일으켰다. 라부아지에에 있어서 라디칼은 산소와 결합
하면 산이 생성되는 물질이었고 무기산에 대하여 원소였지만 유기산에 대
하여는 항상 탄소와 산소를 함유하는 화합물이었다. 이후 순수 라디칼을
분리하기 위한 노력이 계속되었으며 분젠 버너를 발명한 분젠이 자유 카
코딜 라디칼(오늘날 $Me_2As-AsMe_2$)이라고 생각하였던 화합물을 분리하며 고
양되기도 하였다. 한편, 분젠과 같이 연구하였던 프랭클랜드는 최초의 유
기금속화합물인 다이에틸아연($ZnEt_2$)을 합성하기도 하였으며 비슷한 에틸
주석의 산화물의 성질을 연구한 결과 원자가 그것과 결합하는 원자의 성
질과는 관계없이 고정된 결합력을 가진다고 제안하였다. 뒤이어 꿈에서
본 꼬리를 문 뱀의 모양으로부터 육각형 모양의 벤젠의 구즈를 제안한 일
화로 유명한 케쿨레는 4가 탄소원자의 중요한 개념을 도입하였다. 결국
1860년대에 원소의 결합력을 나타내기 위하여 원자가(valency)라는 용어
가 도입되었다.

라부아지에가 많은 업적을 남기고 죽은 이후 많은 화학자들은 화학물질의

칼스루헤 국제화학외의 에피소드

케쿨레의 알려지지 않은 큰 업적은 칼스루헤의 국제화학회의를 소집한 것이다. 이 회의는 1860년 9월 3일 소집되었고 표기법이 논의되었던 3일째 회의에서 칸니차로의 연설이 있었다. 칸니차로는 전에 많이 사용되었던 당량보다 2배인 원자량 사용을 주장하였던 제르아르를 지지하였으나 합의를 이끌어 내지는 못하였다. 그러나 회의가 끝나기 전에 칸니차로의 '왕립 제노아 대학에 제출하는 화학철학 과정의 요약' 이라는 논문의 복사본이 배포되었다. 이 논문에서 칸니차로는 아보가드로의 가설(분자 가설)을 받아들이면 일관된 체계가 생기는 것을 지적하였는데 서서히 지지자를 얻어가기 시작하였고 원자설이 다시 소생할 수 있는 계기를 마련하였다. 즉, 원소의 수가 계속하여 증가하는 것에 따른 원자설에 대한 문제가 제기되었지만 신빙성이 있는 원자량 값을 기초로 논리적 방법으로 배열하려는 중요한 시도가 수행될 수 있었다.

구성이론에 대한 연구를 하였다. 이로써 원자설, 분자설, 이중설 등이 제안되고 실험결과와 토론에 의해 다듬어져 현대 화학의 중심인 원자 및 분자의 개념이 성립되었다

새로운 원소의 발견

19세기 중반까지 알려진 원소의 수는 58개 정도였다. 알려지지 않은 원소들은 당시의 분석기술로는 확인이 어려울 정도로 매우 작은 양이 광물에 포함되어 있었다. 그러나 1860년경에 분젠과 키르히호프의 분광계를 이용하여 더 많은 원소들이 검출되었다. 분광계의 원리는 염에 존재하는 금속에 따라 방출되는 빛을 프리즘으로 분리하면 특징적인 스펙트럼이 나타나고 다른 원소들의 존재에 영향을 받지 않는다는 것이다. 따라서 매우 민감하여 아주 작은 양이 존재하여도 검출이 가능하게 되었다. 이러한 방법으로 그들은 세슘, 루비듐을, 크룩스는 탈륨을, 라이히와 리히터는 인듐을 발견했다.

원자량 사이의 관계를 찾으려는 시도

원소들의 분류는 라부아지에가 1789년 발표한 〈화학개론〉에 실린 표에서 최초로 이루어졌으며 그 이후 몇몇 화학자들이 화학적으로 비슷한 원소들 사이에서 원자량 간의 관계를 찾고자 하였다. 이를 최초로 시도한 화학자는 되베라이너이다. 그는 스트론튬(Sc)의 원자량이 칼슘과 바륨의 평균에 가까운 것을 발견하고 브롬의 원자량이 염소와 요오드 원자량의 중간에

위치할 것을 예언하였다. 이 예언은 베르젤리우스에 의해 확인되었으며 되베라이너는 같은 성질의 3가지 원소들이 있음을 지적하였다.

뒤마와 쿠크는 비슷한 원소들의 원자량 사이에 일정한 대수식이 존재함을 발견하였고 드샹쿠르투아에 의해 최초로 원소들을 원자량 증가순으로 배열하게 되었다. 그는 원소의 원자량을 원통 표면에 그려진 경사선 위에 표시하여 비슷한 원소들이 원통 표면의 수직선 근처에 위치하며, 원통 표면의 나선도가 성질 사이의 관계를 나타냄을 발견하였다. 그러나 지질학자였던 그는 이러한 발견을 소홀히 여겨 논문에 표시하지 않았고, 이 사실은 거의 주목받지 못하였다.

한편, 영국의 뉴랜드는 소위 '옥타브의 법칙'을 발견하였다. 원자량 순서대로 나열할 때 여덟 번째 원소와 처음의 원소가 같은 종류가 반복된다는 법칙이다. 그는 이러한 법칙을 바탕으로 비록 요오드가 텔루늄(Te)보다 원자량이 작지만 화학적 근거에서 텔루늄이 요오드보다 앞에 있어야 한다고 지적하기도 하였다.

주기율표가 완성되기까지

1869년 멘델레예프는 화학 교과서를 저술하는 과정에서 화학적 성질이 원자량의 변화에 따라 어떻게 변화하는가를 조사하였고 드디어 화학적 성질과 원자량 사이에 주기적 관계가 있음을 발견하여 이를 발표하였다. 그는 이러한 주기율표를 근거로 아직 알려지지 않은 원소들의 성질을 예언하였는데, 이 예언은 정확히 실현되었다. 이로써 주기율표의 유용성을 확

인할 수 있었다. 멘델레예프는 주기율표를 수정하면서 몇몇 원소들의 원자량을 수정하여 순서에 맞게 하였다. 주기율 분류는 당량보다 원자량의 중요성을 강조하게 되었으며 원자설의 확산에 기여하였다.

그러나 램지에 의해 아르곤(Ar)이, 로키어에 의해 헬륨(He)이 발견되자 주기율표의 배치에 어려움을 겪게 되었다. 이 후 트래버스에 의해 크립톤(Kr), 네온(Ne), 제논(Xe)이 발견되고 이 원소들의 원자량이 할로겐과 알칼리 금속 사이에 위치함이 발견됨에 따라 1900년 램지와 트래버스는 새로운 기체들이 주기율표에서 새로운 족에 위치해야 한다고 제안하였고, 멘델레예프는 1905년 5개의 기체를 알칼리 금속의 앞인 0족에 놓아 이러한 주장들을 인정하였다.

희토류 원소(rare earth metals)들의 분류는 20세기에 들어서도 문제가 되었지만 모즐리의 X-선 스펙트럼과 원자번호에 대한 연구가 진행됨에 따라 이러한 원소들이 몇 개 존재하는지를 알게 되었고 내부 전이원소로 분류하고 있다.

20세기 초에 방사선 연구가 진행되면서 화학적으로 동일하지만 다른 원자량을 가지는 원소들의 존재가 확인되었다. 이들은 소디에 의해 동위원소로 명명되었다.

드디어 주기율표가 완성되었고, 새로운 원소들을 확인하고 분자구조에 대해 관점을 돌릴 수 있는 계기가 마련되었다. 유기화학에서의 중요한 발달을 촉진한 것이다.

미래 화학 마을을 상상하다

미래 화학마을은 어떤 모습일까?

앞에서 화학 마을 다섯 개 구역을 둘러보았다. 사실 화학 마을을 이렇게 다섯 개 구역으로 구분하는 것은 어렵다. 편의상 나누긴 했지만 2개 이상의 구역에 공통으로 속하는 분야도 있고, 더 나아가 인접 학문과 융합해 새로운 분야가 탄생되기도 한다. 과거에는 들어보지도 못했던 분야들이 최근 흔히 언급되고 있는 실정이다.

> 많은 새로운 분야가 기술의 발전과 융합에 따라 탄생될 것이다.

인접한 학문과의 융합에 의한 예로는 행성(우주)화학, 대기화학, 화학정보학, 환경화학, 지질화학, 청정화학, 화학문헌학, 나노화학(기술), 초음파화학, 거대분자화학, 표면화학, 면역화학 등이 있다. 앞으로 더욱 많은 새로운 분야가 기술의 발전과 융합에 따라 탄생될 것이라 생각된다.

미래 화학 마을을 상상하다

선진국의 화학 마을은 어떻게 변하고 있을까?

그렇다면 화학은 앞으로 어떻게 발전해 나갈까? 미래에 어떤 분야가 더 많은 관심을 받게 될지 선진국의 변화를 통해 예견해 보자. 무엇보다 우선 나노화학과 바이오화학의 연구가 활성화될 것으로 전망된다.

미국은 2001년에 국립나노기술구상(NII)을 설립했다. 연방정부의 나노기술 연구개발을 조정하고 감독하기 위하여 만든 것으로 나노기술 각 분야에서 25개 연방 기관의 연구와 활동을 규제하고 임무와 책임 분담을 조정하는 역할을 한다.

국립나노기술구상은 과학적, 상업적 파급 효과가 크고, 연방 수준에서의 지원과 연구 활동이 강화될 4개 분야를 선정하였는데, 다음과 같다.

질병의 조기 감지를 위한 기술

암과 같은 생명을 위협하는 질병들을 조기에 알아내는 나노기술이다. 최근 부상하는 의료 치료 나노기술의 한 예로 바이오 바코드 기술이 있다. 조직 샘플에서 금 나노 입자를 사용하여 DNA나 단백질과 관련된 질병을 탐지하는 기술이다. 이것은 현재의 진단 방법에 비해 수백만 배는 더 정밀하여 질병에 관련된 분자를 정확하게 찾아낼 수 있다. 이 기술은 특히 알츠하이머병의 조기 발견에 유용하다.

나노 재료의 안전성

나노 재료가 공기, 물 등에 뿌려지면 사람들에게 어떤 영향을 줄까? 나노 재료가 환경과 인체에 어떤 영향을 끼치는지는 아직 자세히 연구되지 않았다. 따라서 나노 재료의 안전성을 확인하는 것 역시 중요한 일이다. 공기 중에 뿌려진 몇몇 나노 재료의 농도를 측정하기 위해 현재까지는 수십 센티미터 크기의 초보적인 장치인 나노 에어졸 질량 분광기만이 개발되어 있다.

나노 바이오 기술

나노 기술의 주요 도전과제인 나노 크기 재료, 소자 및 시스템의 합성과 조립은 생물학적 시스템이 살아있는 세포에서 흔하게 수행된다. 이러한 생물학적 현상들은 나노 기술에서 직접 이용되거나 아이디어를 줄 수 있다. 그 예로 규조류와 같은 생물학적 나노구조가 다양한 성질을 가진 실리카로 전환될 수 있다. 어떤 박테리아는 자기 나노 입자를 자연적으로 생산한다. 바이러스로 합성된 나노 전극과 바이러스로 조립된 배터리도 나왔다.

미래 화학 마을을
상상하다

더 똑똑한 컴퓨터

나노 기술은 정보 기술을 향상시키
는 데 새로운 방향을 제시한다. 가장
기대되는 것 중 하나가 컴퓨터 제작
때 사용하는 CMOS-FET 스위치를
대체할 전자 소자이다. 미래의 나노기술
로직 스위치는 전력을 덜 소모하고, 더
높은 성능을 보인다. 게다가 기존의 제조 공정에 통합되며 더 높은 집
적도를 갖게 될 것이다.

그 예로 원자 한 개의 두께로 이뤄진 탄소 재료인 그라핀이 있다. 그라
핀의 표면에서 전자는 더 많은 거리를 움직일 수 있어 소비되는 열이
적다. 그리고 그라핀을 어떻게 정렬하느냐에 따라 도체와 반도체의
성질을 구현할 수 있다.

화학의 도전과제!
대체 에너지원을 개발하라

화학 분야의 미래 주요 과제는 에너지와 환경 그리고 재료 등이 될 것이다. 특히 석유 값이 천정부지로 올라가고 있는 현재의 상황을 고려할 때, 대체 에너지원의 개발은 무엇보다 중요하고 시급한 과제가 될 것이다.

지구상의 에너지는 태양으로부터 얻는다. 매일 엄청난 에너지를 태양으로 받고 있지만 대부분은 적외선의 형태로 다시 우주로 방출하고 있다. 만약 이러한 균형이 없었다면 지구는 금성, 수성처럼 생명이 존재하기 어려운 불지옥이 되었을 것이다. 그리고 일부는 식물에 의해 광합성을 통해 포도당(글루코오스)의 형태로 저장되고 있다. 이 양은 매년 약 6×10^{14} kg정도로 추정되고 있으며 에너지로 환산하면 10^{19} kJ 이다. 이 양은 산업용 에너지 수요의 30배 정도에 해당된다. 이러한 계산만을 보면 에너지 위기라는 말이 근거 없는 것처럼 보일지도 모른다. 하지만 우리가 필요한 것은 에너지가 밀집된 형태인 농축된 고

미래 화학 마을을
상상하다

에너지 물질, 석탄 또는 석유이다. 또한 축적된
에너지는 생물체가 살아가기 위해 에너지로 변환
되어 사용되므로 실제로 우리가 이용 가능한 양
은 매년 축적되는 양의 0.01% 정도이다. 이 양의
0.07% 정도만이 경제성 있는 형태로 저장된다. 따라
서 경제성 있는 형태로 저장되는 에너지는 연간
10^{11}kJ이나 현재 인류는 매년 3×10^{17}kJ을 소모하고
있다. 즉, 약 300만 배나 빠른 속도로 에너지를 소모
하고 있는 것이다. 지금까지는 지구의 역사가 40억

1KJ는 Kilo joule로 에너지를 나타내는 단위이다. 1KJ는 C.238 92kcal이다.

년 이상이 되므로 잘 버텨왔지만 이러한 속도로 소도하게 되면 그동
안 모아왔던 에너지는 조만간 다 소진되고 말 것이다. 이것이 에너지
위기의 실체인 것이다.

따라서 인류는 석탄과 석유로 대표되는 화석연료를 대체할 수 있는
에너지원을 찾기 위해 노력하고 있다. 새로운 에너지원은 우선 사용
하기 편하고 많은 에너지를 방출하여야 하며 값이 저렴할 뿐만 아니
라 양이 많아야 하고 환경에 해가 되지 않아야 한다. 이러한 조건을 만
족할 수 있는 연료는 무엇일까? 그 해답은 바로 수소이다. 때문에 많
은 과학자들이 수소를 경제적으로 생산할 방법을 찾기 위해 노력하고
있다.

그렇다면 수소를 얻을 수 있는 방법은 무엇이 있을까? 현재 수소는 석
유를 정제하는 과정에서 부수적으로 얻어지고 있지만 이러한 방법은

궁극적 해결방법이 되지 못한다. 최선의 방법으로 지적되고 있는 것은 바로 물의 전기분해이다. 하지만 전기를 생산하는 것은 에너지를 소모하는 과정이므로 이 과정을 아예 모든 에너지의 근원인 태양에너지를 이용하는 방법을 찾고 있다. 즉, 태양에너지를 이용해 물을 분해(광분해)하는 공정을 확립하는 것을 목표로 하고 있는 것이다.

물을 분해하는 과정은 보기와는 달리 상당히 복잡하다. 이 과정을 도와줄 촉매 물질의 확보가 쉽지 않지만, 인류 역사에서 해결사 역할을 톡톡히 해온 화학의 도움을 받아 곧 에너지 문제를 궁극적으로 해결할 것으로 기대하고 있다.

이러한 문제가 해결되기 전에는 원자력, 풍력, 수력, 지열 등을 이용하고 있으며, 태양에너지의 또 다른 형태인 태양 열에너지, 태양전지 개발에도 힘쓰고 있다. 특히 차세대 산업으로 주목받고 있는 태양전지는 화학의 활약이 기대되는 분야이다.

또한, 화석 연료는 재생이 불가능하기 때문에 재생 가능한 에너지원의 확보를 위해서도 노력하고 있다. 이것이 식물자원으로부터 발효의 과정을 통해 얻을 수 있는 알코올의 이용 가능성이다. 화석연료의 연소는 에너지 자원을 소모할 뿐만 아니라 다양한 공해물질을 유발하는데, 이때 알코올과 같이 분자 내에 산소원자가 많이 포함되면 공해물질의 배출이 감소하는 효과가 있음이 밝혀져 브라질과 같은 나라에서는 자동차 연료로 알코올을 오래전부터 사용하고 있다. 또한 미국 서부지역은 알코올을 일부 첨가한 바이오디젤, MTBE(에테르의 일종)을

미래 화학 마을을
상상하다

첨가한 휘발유의 사용을 법제화하여 공해현상을 해소시키고 있다.

그러나 이러한 용도로 사용하기 위해서는 식량으로 사용되는 옥수수 등을 사용해야 하므로 식량 값이 폭등할 수 있다. 또한 지구의 허파 역할을 하는 열대정글을 개간하여 지구의 대기 정화능력을 감소시키고 지구온난화를 더 악화시키는 등 부작용이 나타난다. 대문에 근본적인 해결책은 되지 못할 것으로 전망되고 있다. 따라서 그동안 의욕적으로 추진되고 있던 바이오 디젤 등 재생가능 연료의 연구는 주춤하는 추세를 보이고 있다.

세계대학통신!

화학과에 '생명과학' 명칭이 들어가는 것이 유행

미국 하버드 대학의 화학과의 명칭은 'Department of Chemistry and Che-mical Biology' 이다. 우리말로 풀어보자면 화학 및 화학생물학과인 셈이다. 하버드 대학뿐만 아니라 많은 선진국 대학의 화학과에 'Biology' 의 명칭이 포함되었다.

비록 '화학과' 의 명칭을 고수하고 있다 해도 생물학과, 미생물학과 등 생물학 관계 학과와 공동으로 학과 프로그램을 운영하는 대학이 늘고 있다.

이러한 추세는 복제양 돌리, 복제 개 스너피 등 동물복제와 줄기세포의 연구 및 게놈 사업이 진행됨에 따라 생명체의 창조 가능성이 증대되고, 대중의 관심과 연구비가 이 분야에 집중되고 있는 것과 무관하지 않다.

지난 2008년 1월 6일 영국의 〈가디언〉지의 보도에 따르면 미국의 크레이그 벤터 재단의 크레이그 벤터는 생물학자 스미스가 이끄는 20여 명의 연구진의 도움을 받아 "자신의 연구실에서 화학물질을 이용해 '인조 염색체' 를 만들어 내는 데 성공했다"고 했다. 미코플라스마라고 불리는 이 염색체는 최종 단계에서 살아있는 세포에 이식된 후 통제 과정을 거치면서 완성된다. 이 염색체는 58만 쌍의 기본 유전 코드와 381개 유전자로 구성되어 있는 것으로 알려졌다. 전립선염 박테리아의 유전 코드를 해제하고 5분의 1 정도를 제거한 뒤, 생명체를 유지하는 데 필수적인 코드만 남겨 얻어진 것이다. '무' 에서 '유' 를 만들어 내는 완전한 인공생명체라 할 수 없지만, 새로운 종을 만들어 낸다는 점에서 거의 인공생명체라고 평가할 수 있다. 이러한 기술은 난치병의 치료, 지구 온난화의 해법에도 기여할 수 있으며 새로운 에너지원의 확보에도 활용될 수 있는 것으로 알려지고 있다.

미래 화학 마을을
상상하다

미래의 전기화학을 엿보다
-교수님 연구실 탐방기 6

충북대 김종원 교수님의 연료전지 연구실

최근 석유 가격의 급등하고 있다. 이러한 현상은 앞으로도 지속될 가능성이 높은 것으로 전망되고 있다. 때문에 이에 대처하고자 전 세계적으로 대체에너지원의 개발에 노력하고 있으며, 우리나라에서도 국가기술지도(NTRM) 에너지 프론티어 진흥 분야에 핵심기술을 선정하여 에너지 문제에 대비하고자 하고 있다.

이러한 노력은 기존의 활용 에너지를 보다 효율적으로 활용하기 위한 기술, 신재생 에너지원 확보 기술 및 연료전지(수소에너지 포함) 기술 확보 등으로 구분할 수 있다. 신재생 에너지는 기본적으로 태양에너지를 활용 가능한 형태로 변환시키는 것에 비해, 연료전지의 경우 에너지원(전기에너지)의 창출을 위해 수소와 같은 또 다른 형태의 '연료'가 필요하다는 점에서 분명히 차이가 있다. 그러나 연료전지의 경우 기존의 화석 에너지 이용에 비해 효율이 높고 환경 친화적인 장점 때

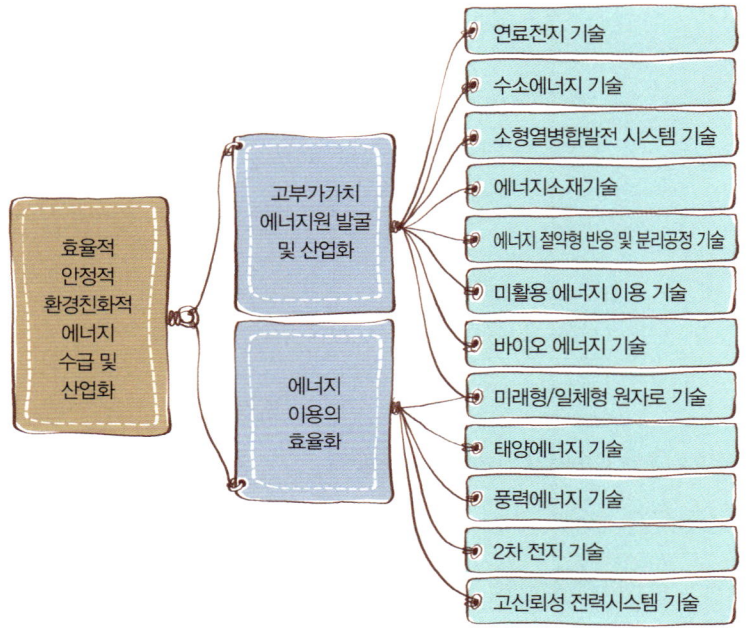

국가기술지도 : 에너지 프론티어 진흥

문에 집중적으로 연구가 되고 있다.

연료전지는 산화전극(양극), 환원전극(음극), 전해질로 구성되어 있다. 양극에서 수소 또는 메탄올과 같은 연료가 산화되면서 수소이온(H^+)과 전자가 생성되고, 수소이온은 전해질을 통해 음극으로 전달되며 전자는 외부 회로를 통해 흐르면서 부하를 작동시키고 음극으로 이동한다. 음극에서는 산소(공기로 공급)가 수소이온, 전자와 반응하여 환원되면서 물이 생성된다.

양극에서는 효과적인 산화를 위한 전극개발이 핵심이지만 순수한 수

소기체를 연료로 사용하는 경우 경제적 수소 제조법, 효율적 수소 저장법 등이 필요하다. 전해질의 경우 연료전지의 효율 향상을 위해 중요한 부분으로서 전해질의 특성에 따라 알칼리형, 인산형, 고분자 전해질형, 용융 탄산염형, 고체 산화물형 등으로 구분하고 있다. 음극에서는 전극물질의 개발도 중요하지만 효과적인 산소의 환원도 중요하다. 양극에서의 수소의 산화는 과전압도 낮고 반응속도도 빠른 반면에 음극에서의 산소의 환원은 가장 효율이 높은 백금전극에서조차 높은 과전압과 낮은 반응속도를 나타낸다. 바로 이러한 전극물질의 높은 가격 특성 때문에 연료전지의 실용화에 걸림돌이 되고 있음은 잘 알려져 있다. 따라서 최근에는 백금 전극을 대체할 수 있는 대체 비백금 전극 개발과 성능 향상을 위한 연구가 많이 진행되고 있다.

화학의 이름은 어떻게 만들어졌나?

동양에서는 화학을 化學(변할 화, 배울 학)이라고 적는다. 언제부터 이러한 용어가 시작되었는지는 정확하게 알 수 없지만 정말 잘 만들었다고 생각한다. 왜냐하면 화학의 본질은 자연을 구성하는 물질의 성질과 변화(반응), 이 과정에서 수반되는 에너지 변화를 살펴보는 것이기 때문이다.

화학의 역사는 단정 짓는 것은 어렵지만 인류가 불을 사용하기 시작한 순간부터 함께했다고 봐도 될 것이다. 불은 에너지의 정화이며 많은 변화의 시작점이 되었다는 점에서 화학과는 떼려야 뗄 수 없는 관계를 가졌다고 볼 수 있기 때문이다. 따라서 화학을 경우에 따라서 火學(불 화, 배울 학)이라고도 기술하기도 한다.

서양에서는 화학을 'chemistry'라고 하는데 대부분 값싼 금속으로부터 금을 만들고자 하였던 연금술(alchemy)의 연구로부터 화학이 유래된 것으로 이해하고 있

기 때문이다. 이러한 전통적 개념 때문에 많은 영화와 문헌에서는 화학자들을 신비롭고 마술적인 요소를 가진 사람들로 묘사하고 있다.

연금술의 유래는 '따르다'라는 의미의 그리스어(chemia)에 어원을 두고 있는 것으로 의견이 모아지고 있지만 이집트의 흙을 뜻하는 'kême(chem)'에서 온 것으로 주장하는 이도 있다. 연금술을 뜻하는 alchemy는 '변환의 기술(art of transformatin)'을 의미

하는 아랍어인 'al-kimia'에서 유래한 오래된 프랑스어인 'alkemie'에 어원을 두고 있으며 'kimia'는 서기 642년경 알렉산드리아를 정복하였을 때 그리스어에서 빌려왔다고 한다.

또한 〈화학의 역사〉(북스힐)를 보면 허드슨은 고대 중국 방언 중 금을 나타내는 'kim'에서 유래되었다고 추정하고 있다. 비단길을 통하여 접촉하게 된 아랍인들이 'al-kimia'로, 그 후 유럽으로 전달되어 현재의 형태로 되었다고도 한다. 이러한 과정에서 연금술사(alchemist)라는 용어가 줄여서 'chemist'로 불려졌으며 화학자의 일, 기술을 묘사하는 어미 '-ry'가 추가되어 'chemistry'란 용어가 탄생한 것으로 추정되고 있다.

Chem is Try!!!

모든 것이 마찬가지겠지만 화학의 정의도 시대가 변함에 따라 새로운 발견과 이론이 더해짐에 따라 지속적으로 변화하여 왔다.

위키피디아에서 정리된 내용을 기초로 다시 정리한 것이다.

Alchemy(330) 물의 조성, 운동, 성장, 실체에서 영을 추출하거나 실체 안에서 영을 결합하는 연구(Zosimos)

Chymistry(1661) 혼합된 실체의 물질 원리에 관한 연구(Boyle)

Chymistry(1663) 실체를 용해시키거나 여러 가지 다른 물질들의 조합에서 물질을 추출, 다시 조합하여 더 높은 완벽성을 가지도록 하는 과학적 기술(Glaser)

Chemistry(1730) 혼합된 물질을 분리하거나 물질들을 합하여 원리를 찾는 것 또는 이러한 물질들을 원리로부터 구성하는 것 (Stahl)

Chemistry(1837) 분자 힘의 법칙과 효과에 관한 과학(Dumas)

Chemistry(1947) 구조, 성질, 다른 물질로 변하게 하는 반응을 살피는 물질의 과학(Pauling)

Chemistry(1998) 물질과 물질이 나타내는 변화를 연구하는 분야 (Chang)

이처럼 다양한 정의가 있을 수 있겠지만 화학은 "물질의 본질과 성질을 밝히고 물질이 행하는 변화와 이에 수반하는 에너지 변화를 연구하는 과학"이라고 정의할 수 있을 것이다. 대한화학회에서 펴낸 홍보자료에는 Chemistry를 "Chem is try"이라고 풀이하였다. 화학에 있어서 실험과 행동의 중요성을 강조하고 있는 것이다. 화학은 실험을 통해, 몸으로 익혀 화학 정보를 얻고 정보처리의 경험을 가지는 것이 필수적임을 단적으로 보여주는 것이다.

미래 화학 마을을
상상하다

이지원 박사님의 태양전지 연구실

화석연료의 고갈에 따른 에너지 위기를 탈피하기 위하여 많은 노력이

진행 중에 있으며 그 가운데에 실용화가 가장 많이 진행된 부분이 태

양전지 분야이다. 태양전지는 이미 우주계획에 있

어서 중요한 위치를 차지하고 있어 우주비행선에

필수적으로 장착되고 있다.

반도체는 두 가지 종류가 있다. 실리콘보다 전자

가 많이 있는 물질을 소량 가입하여 구조 내에 전

자가 과잉으로 존재하는 n형 반도체와 실리콘보

다 전자가 적게 있는 물질을 소량 가입하여 구조 내에 전

자가 부족한 p형 반도체가 그것이다. p형 반도체는 실

리콘과 비교할 때 상대적으로 (+)전하를 가지고 있다.

이 두 가지 반도체를 겹쳐 서로 접촉하게 한 다음 태양광

> 화석연료의 고갈에 따른 에너지 위기를 탈피하기 위하여 많은 노력이 진행 중에 있다.

을 쬐어줄 때, 실리콘 반도체에 있는 일부 전자들이 충분한 태양에너지를 흡수하면 실리콘 원자핵의 인력을 이겨내고 다른 위치 즉, 전자는 전자가 부족한 p형 반도체로 이동하게 된다. 태양전지는 이러한 원리를 이용한 것이다.

전자가 나간 위치는 상대적으로 전자가 부족한 구멍(hole)이 생성되며 이 위치에는 상대적으로 (+)전하가 생성된다. 이렇게 빛에 의해 전하가 갈라지면 p형 반도체와 n형 반도체가 접촉하는 부분에서 형성된 전기장에 의해 전자는 n형 반도체로, 정공은 p형 반도체로 이동하여

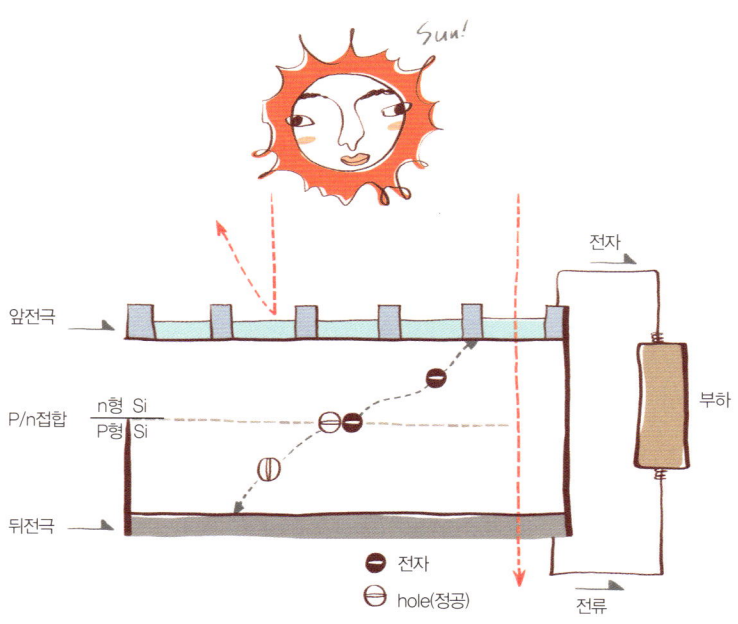

결정질 태양전지의 기본 구조 (출처 : www.solarkorea.or.kr)

수집된다. 그리고 두 반도체 사이에 전자를 움직이는 힘인 기전력이 발생하게 된다. 이때 양쪽에 전선을 연결하면 전류가 흐르게 되는 것이다.

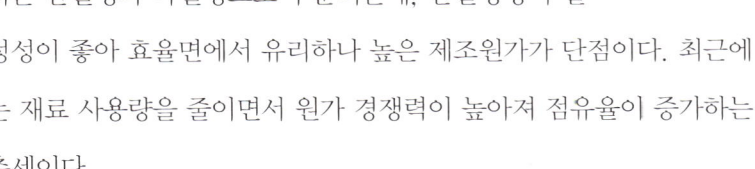

태양전지 시장은 각국 정부의 적극적 육성정책에 힘입어 매년 평균 33%씩 고속성장을 계속하여 2010년 7GW가 될 것으로 전망하고 있다.

태양전지의 종류는 빛을 흡수하는 층의 재료에 따라 실리콘, 화합물, 유기물 태양전지로 나뉘어진다. 그리고 실리콘 또는 유리의 사용 여부에 따라 벌크형과 박막형, 셀 종류에 따라 단일 및 이종접합(multi-junction)으로 구분된다. 벌크형 실리콘 태양전지는 단결정과 다결정으로 구분되는데, 단결정형이 결정성이 좋아 효율면에서 유리하나 높은 제조원가가 단점이다. 최근에는 재료 사용량을 줄이면서 원가 경쟁력이 높아져 점유율이 증가하는 추세이다.

박막형은 유리 등의 기판에 박막을 증착하는 형태로 증착 물질에 따라 실리콘형과 화합물 반도체형으로 구분된다. 최근 실리콘 원가 부담이 커지면서 실리콘 사용량을 최소화하거나 대체하는 박막형 태양전지 생산 기술의 확보를 위하여 많은 연구가 진행되고 있다.

장기적으로는 신소재 및 신구조의 태양전지로 유기염료를 이용한 염료감응 태양전지와 유기고분자 재료를 이용한 유기 태양전지 연구가 진행되고 있다.

태양전지 시장은 각국 정부의 적극적 육성정책에 힘입어 매년 평균 33%씩 고속성장을 계속하여 향후에는 세계 태양전지 시장규모는 2020년 전체시장에서 차지하는 비중이 36%로 성장할 것으로 보고 있다.

일본의 신에너지산업기술종합개발기구(NEDO)에서 태양전지 종류에 따라 발전 단가 절감에 대한 로드맵을 발표하였으나 여러 가지 태양전지 재료 중 어느 것이 향후 가장 유망할 것인지에 대하여는 판단이 어려운 상황으로 재료별 장단점이 다양하고 지역마다 기온 및 일조량이 달라 최적의 방식이 다를 수밖에 없는 상황이기 때문에 선진제국에서 가능한 모든 재료를 연구개발 대상으로 하고 있다. 결국 다양한 기술검증을 통하여 차세대 기술로서 유망한 방식의 선택이 이루어질 것이며 재료별 장점을 살려 기술적 상호보완 및 융합을 통해 태양전지의 경제성이 개선될 것으로 전망된다.

한양대 김용신 교수님의 전자코 개발

전자코 시스템이라는 개념은 감지능력이 조금씩 다른 여러 개의 센서를 이용하여 여러 가지 화학물질에 대한 판단을 수행하는 센서 시스템이다. 다수 대 다수 대응방식으로 분석하는 방식이 생체 후각기관에서 이루어지는 것과 유사해 '전자코'라는 용어를 사용했다. 하지만 다수개의 센서를 이용하여 인공적으로 제작된 전자코 시스템은 복수개의 센서를 이용하여 분석한다는 점에서는 후각 감각 기관과 동일하지만 세부적 사항에서는 많은 차이가 있고 실제 동물과의 후각 기관과 비교하면 초보적인 성능밖에 보이지 못하고 있다. 이는 뛰어난 감

지 능력을 가지는 센서가 아직 개발되지 않았기 때문이다.

전자코는 물리화학적, 전자회로, 정보처리 단계의 세 단계를 거쳐 작동한다. 이는 후각기관이 냄새를 인지하는 단계와 유사하다. 코에서 냄새를 감지하여 생체 신호를 발생시키는 것은 전자코 시스템에서 물리화학적인 단계에 해당하고, 신경망을 거치면서 감지신호가 처리되는 단계는 전자회로 단계에 대응되고, 대뇌에 의해서 판단이 일어나는 단계는 컴퓨터를 이용하여 정보를 처리하는 단계에 해당된다.

구체적으로 물리화학 단계에서는 기체 상태의 화학종을 감지하기 위하여 시료를 채취하고, 시료의 유량흐름을 제어하고, 이 물질들을 제거하여 최적의 시료상태를 마련한 이후에 다수개의 센서에서 동시에 감지가 일어난다. 일반적으로 사용되는 센서의 개수는 4~64개까지 사용하나 후각감각 기관에 비하면 굉장히 작은 숫자이다. 그러나 좋은 센서로 구성된 센서어레이를 사용하지 않는다면 센서 개수 증가가

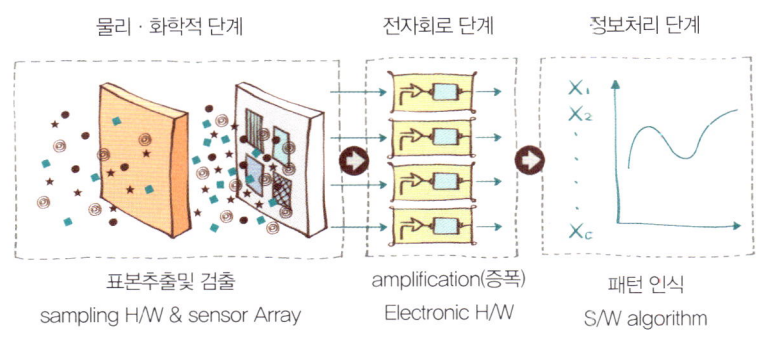

전자코 시스템의 구성 개요도

농작물의 재배 및 숙성에서 곰팡이나 기생충의 오염여부 확인, 유통에서 생산물과 제품 설명서와의 적합여부 등에도 전자코는 이용된다.

시스템의 성능 개선으로 직접 연관되지 않으므로 최적화된 8~16개 정도의 센서를 일반적으로 이용한다.

다채널 센서에서 측정된 아날로그 신호들은 전자회로 단계를 거친다. 이 단계를 통해 정보처리 단말기로 전송되기 전에 정보처리에 적합하고 외부 잡음에 대한 내성을 가지도록 하는 것이다. 이 단계에서는 발생한 아날로그 신호에서 최종적으로 관심의 대상이 되는 물리량(전기전도, 주파수 등)을 감지하는 회로와 정보처리 단말기에서 처리가 용이하도록 신호를 증폭하거나 잡음을 제거하는 회로들로 구성된다. 마지막 정보처리 단계는 정보처리 기능을 가지는 디지털 정보처리 단말기에서 수행된다. 정보처리 단계는 1) 아날로그 신호를 디지털 신호로 전환하여 단말기 메모리에 신호를 저장하는 데이터 취득 작업, 2) 원시 데이터를 이용하여 패턴인식에 필요한 특정 매개변수를 추출하는 작업, 3) 매개변수를 이용하여 패턴 인식 프로그램을 수행하여 판단하는 작업으로 구성된다.

전자코 시스템은 1982년 처음 개발된 이후 16여 년 동안 많은 발전을 이루어 왔다. 우선 외형상으로도 큰 변화를 보였는데, 거대한 분석장비에서 지금은 휴대가 가능한 형태로 발전한 것이다. 휴대하면서 현장에서 분석이 가능한 형태나 심지어 하나의 반도체 칩에 전자코 시스템을 구현하려는 노력이 시도되고 있다.

미래 화학 마을을
상상하다

전자코는 식품산업, 의약, 군사 등 다양한 분야에서 활용되고 있다. 식품 산업 분야는 전자코 시스템을 이용하여 초기에 많은 연구결과를 얻은 분야로서 현재까지 가장 큰 시장을 형성한다. 식품가공 산업에서 식품 품질을 실시간으로 모니터링하는 것은 매우 중요하다. 전자코를 이용해 음식과 음료에 대한 부패 또는 오염도, 신선도, 숙성도를 측정할 수 있다. 이러한 특성은 냉장고, 전자레인지 더 나아가 일회용 포장지에서의 응용도 가능하다.

농작물의 재배 및 숙성에서 곰팡이나 기생충의 오염여부 확인, 수확 또는 수입된 원료의 승인, 공정관리 및 최종 생산물 중밀검사, 포장에서의 생산물 감염, 유통에서 생산물과 제품 설명서와의 적합여부 등에도 전자코는 이용된다.

의료 분야에서는 다양한 질병 또는 건강상태에 대한 정밀검사를 실시하기 전에 매우 빠른 일차적인 진단을 목적으로 하는 의료기기로 사용될 수 있다. 인체에서 나오는 호흡가스 또는 체액이 사람의 건강상태에 따라서 다른 냄새를 발산하기 때문이다. 이는 특별한 대사 작용에 의한 냄새나 피부병, 박테리아 감염으로 인하여 새로운 화학종이 생성되기 때문이다. 결핵, 위궤양, 폐암, 간경화 등을 진단하는 것은 물론, 마취약 투여 시 마취상태 모니터링, 부상이나 피부손상, 종양 형성의 관찰 등에도 응용이 가능하다.

환경 감시 분야에서도 큰 관심을 받고 있다. 대기 및 수질 오염 정도뿐만 아니라 오염물 배출 모니터링이 용이하여 독극물 유출 또는 화재

경보기로도 응용이 가능할 것으로 예측된다. 화학공정에서의 화학변화과정의 상태 확인에 용이하여 휘발유에 있어서 화학첨가물의 검출과 용매 검증에 활용되었고 석유화학제품의 품질관리에 적용되었으나 앞으로는 이 역할이 더욱 증대할 가능성이 있다.

군사 분야에서는 생화학 무기에서 발생하는 유해분자뿐만 아니라 지뢰, 화약, 폭발물, 화학무기로 사용되는 화학약품의 검출에 응용된다. 또한 최근 테러 위협과 마약 밀매에 대처하기 위해 공항 및 항만의 안전관리, 폭발물 및 마약의 검출 및 증거확보에 활용될 수 있다.

'교수님 연구실 탐방기'의 이야기들은 대한화학회가 발간한 〈화학세계〉에 실린 것들입니다.

현대 화학의 골격을 갖추다

분자구조에 대한 이해

1858년 쿠퍼와 케쿨레는 4가 탄소원자 이론과 탄
소원자들이 스스로 결합할 수 있다는 가설을 제안하였다.

또한 분자의 모든 성질은 분자가 포함하고 있는 원자들과 이들이 배열
된 방법에서 유도된다는 구조설(structure theory)이 부틀레로프에 의해
제안되어 구조식을 그림으로 그리기 시작하였다. 호프단은 이러한 화
학식을 모형으로 제작하기도 했다.

1869년 마르코브니코프는 불포화 탄화수소에 할로겐화 수소가 첨가
될 때 할로겐은 수소가 작게 결합된 탄소 쪽으로 첨가된다는 것을 제
안했다.

브라운은 1864년 에텐의 이중결합을 증명하였으나 벤젠의 구조에는
문제가 많았다. 그러나 케쿨레의 노력으로 벤젠의 고리 개념과 단일결
합과 이중결합이 교대로 나타나는 구조로 제안되었다. 그러나 이중결
합을 가지는 분자들이 가지는 반응성이 없고 1, 2-위치에 치환된 벤젠
화합물이 오직 하나의 화합물만 존재한다는 사실을 설명할 수 없었기
때문에 제한적으로 받아들여졌다. 이러한 사실들을 일관적으로 설명하
기 위하여 삼각기둥 구조식, 클라우스의 긴 결합, 듀와의 평행으로 배치
된 구조 등 현대에서 받아들이기 어려운 구조들이 제안되기도 했다.

1860년 유기합성에 있어서 전환점이 되는 중요한 책이 출간되었다. 베르틀로가 쓴 〈합성을 위한 기초유기화학〉이 그것이다. 그는 당시까지 발견된 많은 화합물의 합성에 있어 일반적 방법을 제시하였고 구조설이 일반적 지지를 얻어 합성 연구의 자극제가 되었다. 이후 그리냐르는 유기마그네슘 화합물이 합성에서 유용하다는 것을 증명해 보였으며 1912년 노벨화학상을 수상하는 영예를 안았다. 그리고 1844년 파스퇴르는 타르타르산의 염을 연구하여 거울상이 되는 두가지 유형의 결정이 존재한다는 것을 발견하여 광학 이성질체의 개념을 정립하였다.

반트호프와 르벨은 4개의 서로 다른 원자 또는 원자단이 정사면체의 탄소에 결합할 때 광학 활성이 나타난다는 것을 발견했다. 반트호프는 또한 이중결합을 가지는 분자에서의 기하이성질체 현상을 설명하는 이론을 제안하기도 했다. 이를 기초로 다양한 화합물의 분자 형태(conformation)에 대한 이론도 정립되었다.

천연물 합성 연구 활성화

19세기의 많은 합성법과 유기시약의 발명은 천연물에 대한 연구를 가능하게 했다. 특히 피셔는 탄수화물과 퓨린에 대한 많은 연구를 했는데 그 공로를 인정받아 노벨상을 수상하기도 했다. 이후 천연물 합성은 화합물의 구조를 확인하는 최종적인 과정으로 인정되었고, 많은 연구가 이루어졌

미래 화학 마을을
상상하다

다. 이중 최대의 업적은 우드워드와 에셴모저에 의한 비타민 B$_{12}$의 합성이다. 1971년 이뤄진 이 과제는 11년에 걸쳐 진행된 것으로 100여 명의 과학자의 노력으로 이뤄진 것으로 알려졌다.

이 밖에도 Diels-Alder 반응을 비롯한 다양한 유기반응과 인과 보론을 포함하는 다양한 반응물질들의 합성법 확립이 이루어짐으로써 광범위한 유기화합물이 합성되는 성과를 얻게 되었다.

원자 구조를 밝히기 위한 노력들

현재 원자설은 누구나 인정하는 이론이지만 19세기 전반에만 해도 받아들이기가 어려운 이론이었다. 특히 물리학자에게 원자 개념은 불필요한 것으로 여겨졌다. 그러나 19세기 말 원자의 내부 구조가 밝혀지면서 원자 개념이 확인되었다.

원자 구조에 대한 실마리는 데이비의 전기 불꽃 실험에서 얻었다. 그는 기체의 종류에 따라 색이 변한다는 사실을 발견한 것이다. 이러한 관찰은 가이슬러에 의해 높은 진공의 유리관이 만들어 짐에 따라 더욱 자세하게 관찰할 수 있게 되었으며 플뤼커는 자석에 의해 움직이는 것을 관찰한 것을 근거로 원자가 전하를 가지고 있음을 제안하였다. 골드슈타인은 음극선의

경로에 물체가 있으면 그림자가 생기는 것을 관찰하였고, 크룩스에 이어 톰슨은 이러한 음극선을 자세히 관찰하고 정밀한 실험을 통해 음극선이 남아있는 기체에 무관함을 확인하였다. 그는 음극선의 질량 대 전하의 비(m/e)를 측정하였으며, 원자가 양전하라는 푸딩에 건포도처럼 전자가 박혀있는 모형처럼 이루어져 있다고 제안하였다. 밀리컨은 기름방울 낙하실험을 통해 전자의 전하 값을 결정하였으며 톰슨의 결과와 연관하여 질량도 결정되었다.

방사선의 발견

1895년 뢴트겐은 X–선을 발견했다. 그는 이것이 살은 통과하지만 뼈는 통과하지 못한다는 사실도 확인하였다. 1896년 베크렐은 우라늄염에서 강한 복사선이 방출됨을 확인하였고 이 복사선이 공기를 전기전도체로 만드는 현상도 보고하였다. 퀴리 역시 방사선을 연구하기 시작하여 우라늄과 토륨만이 이온화 복사선을 방출한다는 것을 발견하였다. 또한 그녀는 라듐이라는 새로운 원소도 발견하였다. 퀴리의 동료인 데비에르느는 악티늄 원소들에도 방사성이 있음을 확인하였다.

러더퍼드, 베크렐, 크룩스 등의 연구 결과, 방사선 중에서 알파선은 (+)전

미래 화학 마을을
상상하다

하를 가진 입자의 흐름이고 질량/전하 비를 계산한 결과 수소 이온의 2배임을 알게 되었다. 그리고 베타선은 (–)전하를 가진 입자의 흐름, 즉 전자의 흐름임을 밝히게 되었다. 또한 빌라드에 의해 세 번째 방사선인 감마선이 발견되었다. 감마선은 투과력이 강하고 자기장에 의해 휘지 않기 때문에 러더퍼드는 X–선보다 파장이 짧은 전자기 복사선이라고 제안하였다.

1902년 러더퍼드와 소디는 방사선 붕괴가설을 제안하여 방사선 원소들이 자발적으로 방사선을 내면서 붕괴하여 새로운 원소로 변환된다고 하였다. 이러한 사실은 원자는 변하지 않는다는 돌턴의 원자가설이 틀렸음을 확인하는 계기가 되기도 했다. 그들은 또한 방사선 붕괴유형을 연구하여 세 가지 붕괴계열이 존재한다는 것을 확인하였다. 이러한 과정에서 새로운 원소들이 발견되었고 주기율표에서 위치를 정하려는 시도가 있었다. 하지만 이들은 기존의 원소들과 너무 유사하여 혼합되면 분리되지 않는다는 문제점이 있었다. 이러한 문제는 파얀스와 소디가 동위원소, 즉 질량은 다르지만 화학적 성질은 동일한 원소가 존재한다고 제안함으로써 해결되었다.

처음에는 무거운 원소에서만 동위원소가 있을 것으로 생각하였지만 네온과 같은 가벼운 원소에서도 존재함이 발견되었고 질량분석기가 뎀프스터와 베인브리지에 의해 발명된 이후 정확한 질량을 측정할 수 있게 됨에 따라 많은 원소에서 동위원소들이 발견되었다.

원자 모형

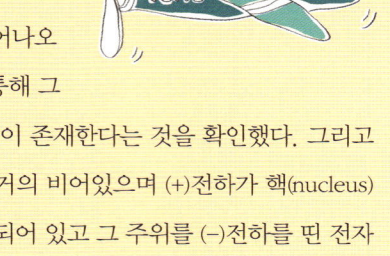

한편, 톰슨의 원자 모형이 제안된 이후 러더퍼드는 유명한 금박실험을 통해 원자의 모형을 제안하게 되었다. 알파선을 얇은 금박에 조사하자 대부분은 금박을 통과하였지만 일부는 구부러지고 심지어는 90도 이상으로 튀어나오는 것을 확인한 것이다. 이 실험을 통해 그는 (+)전하를 가진 아주 작은 원자핵이 존재한다는 것을 확인했다. 그리고 이 사실을 바탕으로 원자의 내부는 거의 비어있으며 (+)전하가 핵(nucleus)이라 불리는 아주 작은 영역에 집중되어 있고 그 주위를 (−)전하를 띤 전자가 돌고 있다는 원자의 모형을 제안하게 된 것이다.

1913년 모슬리는 원소들의 X−선 스펙트럼의 연구 결과를 이용하여 핵전하의 크기에 대한 직접적인 증거를 제공하였고, X−선의 진동수와 비례하는 함수가 원자량이 아니라 원자번호임을 밝혔다. 따라서 원자량에 따라 배치되었던 주기율표는 원자번호에 따라 배치하는 현대적 주기율표로 전환시키는 계기를 마련하였다.

미래 화학 마을을
상상하다

1917년 러더퍼드는 수소핵을 양성자(proton)라 이름 붙였고, 1932년 채드윅은 중성자(neutron)를 발견하였는데, 양성자와 거의 같은 질량을 가진 중성입자임을 확인하였다. 이러한 과정을 거쳐 드디어 돌턴의 원자는 내부구조를 가지지 않은 쇠구슬과 같은 형태에서 양성자와 중성자로 이루어진 원자핵과 그 주위를 돌고 있는 다수의 전자로 구성된 입자임이 인정되었다.

전자의 성질 연구

그러나 고전이론에 따르면 원자핵 주위를 돌고 있는 전자는 시간이 지남에 따라 에너지를 잃고 나선형으로 핵에 충돌할 것으로 예상되어 러더퍼드의 원자모형은 또다시 어려움에 부딪치게 되었다. 이 어려움을 해결한 것은 플랑크였다. 1900년 그는 에너지는 연속적이 아니고 '양자'라는 어떤 일정한 단위의 배수로 방출되거나 흡수된다는 혁명적인 제안을 한 것이다. 당연히 이 제안은 상당한 반대에 부딪혔지만 흑체복사의 실험적 사실을 잘 설명함으로써 서서히 지지 기반을 넓히게 되었다.

보어는 이러한 개념을 도입하여 또 하나의 가정을 제안하였다. 전자가 핵주위의 일정한 궤도를 회전하며 다른 궤도로 이동할 때 에너지 차이에 해당하는 전자기 복사선의 양자를 흡수하거나 방출한다고 가정한 것이다. 이러한 가정은 일부 반대가 있었지만 원자스펙트럼의 특성을 설명하는 데

성공함으로써 에너지의 양자화가 원자 내부의 전자의 행동을 기술하는 데 필요하다는 사실을 확인하게 되었다.

그러나 이러한 보어의 시도는 전자가 한 개 있는 원자와 이온에만 적용될 수 있었기 때문에 다른 원소들의 전자 구조는 화학적 성질에 기반을 두고 제안을 하였다.

1924년 드브로이는 물질파라는 개념을 도입하여 전자기 복사선이 입자와 파동의 성질을 동시에 가지고 있다(이중성)고 주장하였다. 이 주장은 1927년 결정에 의한 전자의 회절을 관찰한 데이비슨과 저머의 실험에 의해 증명되었고 '양자역학(quantum mechanics)' 이라 불리는 새로운 수학적 처리법들이 원자에서의 전자의 행동을 이해하기 위해 도입되었다. 슈뢰딩거는 파동역학을 개발하고 하이젠베르크는 행렬역학이라는 다른 접근법을 사용하였지만 근본적으로 동일한 것임이 나중에 확인되었다. 한편, 하이젠베르크의 접근법에서 전자의 위치와 속도를 동시에 정확하게 결정하는 것은 불가능하다는 '불확정성의 원리(uncertainty principle)' 의 탄생이 유도되었고 소위 확률에 의한 접근법이 확립되었다.

양자수 개념 탄생

슈뢰딩거는 전자의 행동을 이해하기 위해서는 소위 슈뢰딩거 방정식이라는 것을 풀어야 한다고 제안하였는데, 이 방정식을 푸는 과정에서 양자수라는 개념이 탄생하였으며 자연스럽게 불연속적 개념이 도입되었다. 양자역학은 물리적 현상을 수학적으로 번역할 수 있는 방법을 제시하였지만 수학적 함수로 표현된 것의 물리적 해석은 쉽지 않았다. 대표적 예가 슈뢰딩거 방정식의 해인 파동함수의 물리적 의미이다. 파동함수는 실질적 세계에 적용되기 어려운 복소수의 개념으로 표현되기 때문에 파동함수의 제곱이 물리적인 의미를 가지게 된다.

처음에는 이 함수가 원자내 특정한 위치에서의 전자밀도로 파악되었지만 전자가 매우 빠르고 파동적 특성을 가지고 있기 때문에 그 위치에서 전자를 발견할 확률이라고 보른이 제안함으로써 개념 전환이 이루어졌다. 이는 절대론적(결정론적)인 관점이 아닌 확률론적(상대론적) 관점으로 현대화학의 초석이 완성되었다.

이러한 결과를 기초로 자연계의 원소들의 전자배치가 이해되었고, 주기율표에서의 위치와 성질과의 관계도 이해할 수 있게 되었다.

현대적 결합 이론의 성립

또한 1904년 톰슨은 원자구조에 관하여 쓴 자신의 논문을 통해 전자를 이용하여 화학결합을 설명하려고 했으며, 1916년 루이스는 〈원자와 분자〉라는 논문을 통해 전자들이 정육면체로 배열된다는 생각을 밝혔다. 즉, 육면체를 완성하기 위하여 충분한 전자들이 이동한 결과로 원자들 간 결합이 생긴다고 제안하였다. 같은 해에 코셀도 8개 전자의 중요성을 인식하였다. 하지만 그는 정육면체가 아닌 원형의 배치방법을 제안하였다. 루이스는 극성이 큰 화합물뿐만 아니라 요오드와 같은 물질에도 확장 적용하여 전자쌍을 공유하는 개념을 제안하게 되었고 소위 전자점식을 도입하였다. 랭뮤어는 1919년 루이스의 제안을 확장하여 '공유성', '팔전자계' 등의 용어를 도입하였다. 이후 수소결합, 시드위크에 의한 배위결합 등의 개념이 도입됨으로써 현대적 결합이론이 성립되었다.

양자역학은 다양한 화학적 현상을 설명하는 데 성공적이라는 것이 밝혀지게 되었다. 또한 원자가 결합 이론(valence bond theory), 분자궤도함수 이론(molecular orbital theory)이라는 두 가지 접근 방법이 개발되어 다양한 분자의 성질과 구조 등을 이해하는 데 결정적 기여를 하게 되었으며 이로써 현대 화학의 골격이 완성되었다.

이 교수님의
학문 이야기

15소년 표류기를 꿈꿨던 꼬마 화학자

내가 언제부터 화학에 흥미를 느끼기 시작했는지는 정확하게 기억나지 않는다. 자연과 과학의 신비적인 매력에 압도되어 내가 갈 방향이 되기를 막연하게 기대했던 것 같다.

초등학교 3, 4학년 때였을 것이다. 쥘 베른의 소설 〈15소년 표류기〉를 읽고 감명받아 몇몇 친구들과 함께 그들처럼 무인도로 가서 생활해보자고 했던 기억이 난다. 무인도의 생활을 위해 식량을 준비하고 식량이 떨어지면 새들을 잡아 생활하자고 제법 치밀하게 계획을 세웠었다. 하지만 새를 잡기 위해 화살을 쓰는 것이 아니라 폭음탄을 이용하여 기절시켜 잡자는 계획을 세웠다. 아마도 어설픈 활솜씨로 새를 놓치느니 새를 기절시켜 잡는 것이 좋은 방법이라고 생각했던 듯하지만 지금 돌이켜보면 기발하기도 하고 유치하기도 하여 웃음을 짓게 한다. 하여간 이때부터 화약과 같은 화학물질에 대해 관심을 가졌던 것같다.

이 교수님의
학문 이야기

초등학교 6학년 때 담임선생님은 "하고자 하는 것은 열심히 최선을 다하여야 한다"라는 인생관을 심어주셨다. 눈이 내린 운동장의 발자국을 예로 들어주시면서 목표가 있는 사람은 곧바른 발자국을 남기지만 목표 없는 사람은 제멋대로인 발자국을 남기는 것처럼 인생의 목표를 가져야 한다고 늘 당부하셨다. 아마도 이때 과학자가 되겠다고 결심하였던 것 같고 고등학교에서 주저없이 이과를 선택하였다. 그리고 "적어도 10년을 내다보면서 목표를 정하라"던 선생님의 말씀은 늘 마음에 자리해 내가 대학에서 화학 분야를 택하고 외국 유학을 계획하는 데 크게 도움이 되었다.

인생에 있어 장기적인 목표를 설정하고 이를 달성하기 위해 최선의 노력을 다하는 것이 충실한 삶을 살아가는 데 있어 중요하다. 이 글을 읽는 학생들도 자신의 10년 후의 모습을 그려가면서 이것을 실현할 방향으로 인생을 설계하기를 진심으로 권한다.

중학교까지 인천에서 다녔던 나는 서울에 있는 고등학교로 진학했는데 나름대로 문화의 충격을 소화하느라 고생을 했던 것 같다. 학교성적이 위아래로 진폭이 심해 나름대로 고생하던 와중도 나를 편안하게 해준 것이 바로 화학이었다. 화학 선생님께서 어려운 내용들을 참 쉽고 재미있게 가르쳐 주신 덕분인지도 모르겠다. 양자역학에서

유래한 오비탈, 부껍질, 껍질의 개념을 헬리콥터에서 내려다 본 고속
도로의 비유를 통해 별 무리없이 받아들일 수 있게 해주셨다. 학생들
에게 일반화학을 가르칠 때 나 역시 그 비유를 통해 설명하고 있다.
고등학교 3학년때 화학 선생님이 담임선생님이 되면서 화학과의 인
연은 이어진 듯하다. 선생님은 나름대로 만드신 문제집과 해설집을
이용해 화학의 첫걸음을 딛는 우리에게 정확한 개념을 정립하는 데
많은 도움을 주셨다.

인생의 첫 번째 선택, 화학과의 본격적인 인연

자연계열로 입학한 나는 2학년 때 고민 없이 화학계열로 진학을 결정하였다. 인생의 큰 진로가 그때 결정된 것이다.

화학도의 꿈을 품어왔던 나였지만 화학공부는 생각보다 쉽지 않았다. 특히 열역학을 공부하며 수학적 개념과 물리적 개념의 혼동으로 학기 내내 고생을 하기도 했다. 처음 흥미를 느꼈던 분야는 유기화학이었다. 새로운 화합물의 합성방법의 원리, 기본 반응 메커니즘을 이해하는 것은 참으로 재미있는 경험이었다. 간단한 화합물로부터 복잡한 화합물의 합성과정을 체계적으로 제시할 수 있음에 따라 어떠한 물질도 합성할 수 있다는 망상(?)도 품었고, 앞으로 이 분야를 전공하겠다는 생각도 자연스럽게 가지게 되었다. 하지만 화학에 대한 지식이 늘어가면서 유기화학의 화합물 합성보다는 합성을 매가 하는 촉매에 더욱 관심을 갖게 되었다. 우여곡절 끝에 대학원에 진학할 때는 무기화학 분야의 촉매 분야에 입문하게 되었고 탄소입자(매연) 조연(연소 촉진) 촉매개발이라는 연구를 진행하였다. 그러나 대학에서 촉매개발 연구를 하는 데에는 많은 어려움이 있었다. 아직 체계적으로 정립되지 않은 상태였다. 그래서 보다 발전된 시설과 연구역량을 갖춘 선진국에서 체계적인 연구를 하고 싶었고, 미국유학을 계획하였다.

군 복무를 끝내자마자 결혼을 하고 아내와 함께 미국으로 유학을 가기 위해 노력하였다. 그 당시에는 요즘처럼 유학원에서 모든 것을 알아서 준비해 주는 것이 아니라 처음부터 끝까지 알아서 준비를 해야만 했다. 서류를 준비하고 제출하면서 '너무 많은 대학에서 입학허가와 장학금을 준다고 하면 어디를 선택해야 하지?'라는 즐거운 상상으로 설레였다. 하지만 기대와 달리 연락은 오지 않았고, 초조해하던 즈음에 미국 아이오와 주립대학에서 전화 인터뷰를 하겠다는 통보를 받았다. 하지만 전화기 너머에서 들리는 메아리 같은 본토 발음에 주눅이 들어 거의 아무 말도 못하고 만 것이다! 허무하게 기회를 날려 보내고 나의 빈약한 회화능력에 좌절하였다. 그러나 다행히도 장학금은 줄 수 없지만 입학을 허가하겠다는 결과를 통보받았다. 그리고 이대로 유학의 기회가 무산되는가 하는 조바심에 하루하루를 보내고 있을 때 미국 오하이오 주립대학에서 입학허가와 장학금을 주겠다는 통보를 받게 되었다. 그때의 기쁨이란!

드디어 생애 처음으로 태평양을 건너는 비행기를 타고 설레는 마음을 안고 유학길에 올랐다. '서울 하늘에서는 김치냄새가 난다'는 미국 승무원의 말이 그 짧은 영어실력에도 불구하고 들렸을 때의 희열과 씁

이 교수님의
학문 이야기

쓸하였던 기억이 새롭다. 기내식과 음료를 주문할 때는 무조건 'beef'와 'orange juice'만을 외쳤고 나의 아내도 'me, too'만을 반복하였다. 기내에서 영화를 볼 때도 자막이 없어 전혀 내용을 이해할 수 없었음에도 불구하고 앞으로 펼쳐질 미국생활에 대해 전혀 두려움을 느끼지 않았던 것을 보면 '무식하면 용감하다'는 말을 실감하게 된다. 콜럼버스 공항에 도착해 애슐랜드라는 소읍에서 며칠을 묵으며 미국생활을 경험하였다. 처음으로 먹어본 'Pizza Hut'의 pizza가 왜 그렇게 맛이 있었던지 large size의 4분의 3을 먹어 치웠던 기억이 난다. 지금은 흔한 E-mart와 같은 상가를 구경한 적이 없었기에 그 거대한 크기에 놀라고 진열된 상품의 다양함에 부러워하였던 기억, 나날이 줄어드는 돈이 무서워 식빵에 겨우 땅콩버터와 치즈 하나를 넣어 몇 끼를 때웠던 기억, 학교근처의 한국식품점에서 구한 김치 한 병을 가지고 일주일을 아껴 먹었던 기억은 아직도 생생하다.

새로 산 TV의 십여 개나 되는 채널 수에 놀라고(그 당시 한국에는 AFKN, KBS, MBC만이 있었던 것 같다), 같은 배우가 ㅈ의 없는 drama를 보며 "역시 미국은 다르다"라고 느꼈던 생각도 기억난다.

미국의 첫인상뿐이 아니다. 대학의 첫인상 역시 만만치 않았다. 한국 대학의 경우 하나의 학과는 건물의 일부분만을 차지하고 있는 데 비해 미국 대학의 학과는 5, 6개의 독립된 건물을 쓰고 있었다! 친절하였지만 영어가 잘 들리지 않았던 화학과 비서와의 첫 만남에 앞으로 어떻게 적응하여야 할지가 막막한 심정이었다.

큰 뜻을 품고 미국으로!
좌충우돌 유학생활

미국 오하이오 주립대학은 쿼터제(4학기제)로 운영되어 학기가 굉장히 짧았는데 강의되는 분량은 당시 한국의 학기제에서 강의되는 양의 거의 두 배 정도가 되었다. 물론 지금의 사정은 다르다. 예전과 같이 강의하다가는 학생들로부터 등록금을 환급하라는 원성을 들을 것이다. 유학 초반에는 부족한 영어 실력 때문에 실수도 많았다. 리포트 마감일을 잘못 들어 제출하지 못하기도 했고, TA의 경우 실험실에 들어가 그날 할 실험내용을 미국 학생들에게 설명해야 했는데 말해야 할 것을 미리 칠판에 다 써 놓고 질문하는 학생들에게 손짓과 시범을 통하여 의사소통을 하기도 했다.

1년을 TA와 강의만을 듣다 지도교수를 정하기 위해 각 교수와의 면담시간을 정하고 연구주제를 설명받았다. 내겐 신기한 경험이었다. 1순위부터 3순위까지 지도교수를 적어내는 것도 신선한 충격을 주었다. 이러한 과정을 거쳐 지금은 고인이 되신 데본 미크 교수님 연구실의

이 교수님의
학문 이야기

일원이 되었다. 같은 해에 입학한 중국의 지아와 미국의 켈리 자이어도 같이 연구실에 합류했다.

루세니움 알콕사이드 착물의 합성과 반응성 연구라는 주제로 연구를 시작했다. 하지만 생각할 수 있는 모든 방법을 동원하여도 목표로 했던 루세니움 알콕사이드 착물은 합성되지 않고, 알려진 수소화 착물만 얻어져 1년 이상을 허송세월을 보내며 속을 끓였다. 그리고 이때 나의 지도교수님이 위암 판정을 받으셨고 약물치료와 방사선 치료를 병행하여 당분간 논문 지도를 해주시기가 어렵게 되었다. 설상가상이 따로 없었다. 고민 끝에 목표로 하던 착물을 안정화시키기 위하여 도입하였던 나이트로실 리간드(NO)를 가진 루세니움 수소화 착물을 합성하였고 이 착물에 미크 교수 연구팀에서 개발한 세자리 포스핀 리간드를 더하여 새로운 화합물을 합성하였다. 다행히도 이 화합물을 출발점으로 1년이 못 되어 당시 유행하였던 수소분자 착물이라는 새로운 유형의 화합물을 만들 수 있었다. 이 화합물의 반응성과 구조를 밝혀 박사학위 논문을 쓰기에 충분한 양의 자료를 확보할 수 있게 된 것이다. 그때의 행운을 얻지 못했다면 아마도 몇 년 정도는 학위가 늦어졌을 것이다. 만약 그렇게 되었다면 내 운명과 진로가 어떻게 변하였을까 하고 가끔 자문하기도 한다. 활로가 보이지 않는 상황에서 우연히 도입하였던 다른 주제가 행운을 보여주는 경우가 많았다. 어쩌면 그 기회를 놓치지 않는 것이 인생에 있어서의 많지 않은 행운이라고 할 수 있을 것이다. 이 글을 읽고 있는 학생들도 인생을 살아가는 도중에 이러한 기회가 한두 번쯤은 찾아올 것이다. 그 기회를 놓치지 않게 되기를 바란다.

미크 교수님께서 내게 진로를 물으셨다. 대학교로 가고 싶었지만 우리나라 대학의 교수자리가 거의 없었던 것으로 듣고 있었고, 연구의 환경이 연구소나 기업체에 비하여 너무도 열악하다고 전해 들어 연구환경이 좋은 연구소나 기업체로 진출하고 싶다는 희망을 피력했다. 이러한 논의가 있은 지 한 달 뒤, 미크 교수님께서는 병마와 싸우다 끝내 세상을 뜨셨다. 갑자기 고아가 된 것만 같았다.

논문을 마무리 짓고, 한국의 직장은 알아볼 엄두도 내지 못한 채 미국과 캐나다의 몇몇 대학에 박사후과정(postdoctoral fellow)을 밟기 위해 이력서를 보냈다. 그리고 우연히 미국화학회 논문발표회에서 만났던 마더 교수의 소개로 캐나다 워터루 대학 화학과의 스콧 콜린스 교수로부터 박사후과정생으로 초청받았다. 그리고 구술시험을 마치고 학위과정을 종료할 수 있었다.

어려운 과정에서 선택하였던 스콧 콜린스 교수의 연구주제는 1980년대 후반 전 세계 유화업계의 화두로 등장하였던 폴리에틸렌, 폴리프로필렌으로 대표되는 플라스틱을 만드는 메탈로센 촉매였고, 이것이

이 교수님의
학문 이야기

계기가 되어 국내유수 정유, 화학회사인 유공에 취업이 확정되었다. 우연한 인연을 통해 새로운 길을 열어갔다는 것 역시 큰 행운이었다. 아마도 내가 만난 모든 행운은 항상 나의 건강과 성공을 기원하는 가족들의 배려와 믿음, 사랑 덕분이 아닌가 한다. 학생들도 말없이 베풀어지고 있는 부모님의 배려와 사랑에 보답하기 위해 최선을 다하기를 부탁한다.

두 개의 갈림길,
교수로서의 인생을 선택하다

인생은 묘한 것이다. 유공에 입사하기 위해 캐나다에서 긴 유학 생활의 짐들을 정리하고 있던 어느 아침에 별 기대 없이 지원서를 제출했던 내 고향 인천에 있는 인하대학교에 채용되었다는 통보를 받은 것이다. 유공에서 입사 통보를 받고 기뻐했는데 막상 어디를 선택하여야 할지 고민이 되었다. 행복한 고민이 시작된 것이다. 연구한 결과가 제품으로 나올 수 있다는 매력과 미국과 거의 같은 환경을 가지고 있다는 대전 연구단지의 소문 때문에 나는 유공에 입사하는 것에 무게를 두었지만 가족과 친지, 친구들은 인하대학교를 적극 권하였다. 서울대학교 대학원에 재학하고 있을 때 부임하셨던 L교수님께서 적극적으로 인하대학교 교수님들께 추천하셨다는 이야기를 전해 듣고는 결국 인하대학교를 선택하게 되었다. 그분의 기대를 저버리는 것이 너무도 죄송스러웠다.

우여곡절 끝에 인하대학교 화학과에 부임했다. 나의 첫 강의였던 일

반화학 시간이 지금도 생생하게 기억난다. 신입생들에게 '나도 여러분과 같은 90학번이다'라고 소개하면서 "신입생으로서 많은 꿈이 있겠지만 그 꿈을 실현하는 것은 오늘을 알차게 보내는 것이 지름길이라고 생각한다. 나도 최선을 다하여 강의를 하겠지만 여러분들도 최선을 다하여 줄 것을 당부한다"고 말했던 것 같다.

신입생들은 상당히 예의가 바르고 내가 원하는 학습 분위기에 동참하였다. 늘 진지하게 나의 수업시간에 동참해 준 학생들에게 힘입어 벌써 19년째 교단에서 강의를 하고 있다. 학생들과 호흡할 수 있는 추진력을 얻을 수 있게 해준 1990학번 인하대학교 학생들, 특히 화학전공 졸업생들에게 고마운 마음을 전하고 싶다.

학문을 확실하게 이해하는 가장 좋은 방법은 강의를 하는 것이라 생각한다. 남을 가르치는 것은 가장 쉬울 것 같지만 해를 거듭할수록 더욱 어렵다고 여겨진다. 매년 같은 내용을 강의하여도 또한 매번 새롭게 느끼는 내용도 적지 않다는 것을 느낄 때 가르치던서 나도 배우고 있다는 것을 실감하게 된다.

수업은 사람과의 대화가 필수적이다. 가르치는 사람의 관심과 애정이 그대로 학생들에게 받아들여지고 이것에 의해 학습의 효과가 결정된다. 때문에 알면 알수록 강의가 어려워지지만 수업을 들은 학생, 특히 학교를 졸업한 학생들로부터 받게 되는 "잘 배웠다"라는 인사는 그 어떤 보물과도 바꿀 수 없는 희열을 느끼게 해준다. 이것이 교직 생활의 최고 매력이 아닐까 한다.

학생들과의 열린 소통을 꿈꾸며

지금도 추리소설 읽기, 퀴즈 풀기(특히 스도쿠, 조각그림 맞추기 등), 레고, 바둑을 좋아한다. 즐겨하는 취미 활동들이다. 이것들의 공통점은 작은 것을 모아 큰 그림을 만들거나 결론을 얻어낸다는 것이다. 화학에서 작은 분자를 조합하여 유용한 물질을 만드는 작업을 주제로 선택하였던 연구에서도 나의 이런 취미들이 많은 도움이 되었던 것 같다. 자신이 좋아하는 것들의 장점을 활용하여 자신의 공부 또는 연구에 응용하는 지혜를 얻도록 노력해 보는 것도 좋은 방법이라 여겨진다.

현재 우리나라의 화학계는 많은 분들의 노력에 의하여 최고의 수준으로 발전했다. 지방의 연구 역량이 위기에 처해 있는 등 문제가 없는 것은 아니지만 세계적으로 훌륭한 화학자들이 많이 배출되고 있는 만큼 이러한 문제도 잘 해결해 나갈 것으로 전망된다. 과거와는 달리 이제는 우리나라에서도 최고 수준의 화학을 배우고 연구할 수 있는 환경이 조성되었다고 자부한다. 물론 유학을 통해 세계의 수준을 몸으로

이 교수님의
학문 이야기

익히고 자신의 위치를 확인하는 것도 실력 배양에 좋은 방안이다. 아마도 학생들이 대학의 교과과정에 충실한다면 우리나라뿐만 아니라 세계 어느 곳으로도 진출하는 데 어려움이 없을 것이다. 어떠한 목표라 할지라도 그에 맞는 길을 찾는 데 어려움이 없을 것으로 확신한다. 인생을 살아감에 있어 자신의 능력도 중요하지만 주위의 협조를 얻는 것은 더욱 중요하다고 생각한다. 요즘 학생들이 이기적이라고 평가하기도 하지만 이러한 시류에서도 자기가 원하는 분야에서 성공하는 데는 주위 사람들의 협조가 필수적임을 잊지 말기 바란다.

어느새 대학의 강단에 선 지도 햇수로 19년이 되었다. 나이도 50을 넘어섰다. 공자님께서 30은 입지(立志), 40은 불혹(不惑), 50은 지천명(知天命)이라고 하였는데 객관적이고 보편적인 세상의 이치를 깨닫는 눈과 마음을 내가 갖추었는지 부끄럽기만 하다. 하지만 나름대로 최선을 다하려고 노력하였고 주위의 기대에 조금이라도 부응하기 위해 최선을 다하였다고 생각한다. 세계적인 석학의 대열에 들어서지는 못했지만 매년 꾸준히 논문을 내고자 하였으며 몇 명의 제자에게 학문을 하는 재미와 방법을 전수하였으니 족한 인생이라고 생각한다. 과거와 같이 좋은 논문을 쓰고자 하는 욕심이 상대적으로 줄었지만 포기하지는 않았기에, 또 계속하여 젊은 제자들과 접촉할 수 있기에 앞으로의 인생은 조금은 즐기면서 여유있게 살아가고 싶다. 이 글을 읽는 학생들과도 개인적으로 의견을 교환할 수 있기를 기대한다.

화학 관련 학과가 있는 대학들

자연계열의 화학과는 학교에 따라 화학과, 응용화학과, 정밀화학과 등의 명칭으로 개설되어 있습니다. 화학교육과도 포함하였습니다.

서울	건국대, 경희대, 고려대, 광운대, 덕성여대, 동국대, 삼육대, 상명대, 서강대, 서울대, 서울여대, 성균관대, 세종대, 숙명여대, 숭실대, 연세대, 이화여대, 중앙대, 한국외국어대, 한양대
부산	경성대, 고신대, 동아대, 동의대, 부경대, 부산대, 신라대
대구	경북대, 계명대
인천	인천대, 인하대
광주	광주과학기술원, 전남대, 전남대, 조선대
대전	대전대, 충남대, 한국과학기술원, 한남대
울산	울산대
제주도	제주대
경기도	가천대, 가톨릭대, 경기대, 대진대, 명지대, 수원대, 아주대, 한양대
강원도	강릉원주대, 강원대, 연세대, 한림대
충청도	건국대, 건양대, 공주대, 단국대, 선문대, 순천향대, 중원대, 청주대, 충북대, 한국교원대, 한서대
전라도	군산대, 목포대, 순천대, 우석대, 원광대, 전북대
경상도	경상대, 금오공과대, 대구카톨릭대, 대구대, 동국대, 안동대, 영남대, 인제대, 창원대, 포항공과대

화학공학 관련 학과가 있는 대학들

공학계열의 화학공학과는 학교에 따라 공업화학과, 화학공학과, 화학시스템공학과, 고분자공학과 등의 명칭으로 개설되어 있습니다(출처 : 대학정보공시센터).

서울	건국대, 경희대, 광운대, 서경대, 서울대, 서울시립대, 성균관대, 숭실대, 연세대, 중앙대, 한양대, 홍익대
부산	동아대, 동의대, 부경대, 부산대
대구	경북대, 계명대
인천	인천대, 인하대
광주	전남대, 조선대
대전	목원대, 충남대, 한국과학기술원, 한남대, 한밭대
울산	울산대
제주도	제주대
경기도	경기대, 단국대, 대진대, 명지대, 수원대, 아주대, 한경대, 한국산업기술대, 한양대 강릉원주대, 강원대, 연세대, 한림대
강원도	강릉원주대, 강원대, 한라대
충청도	공주대, 순천향대, 충북대, 한국교통대, 한서대, 호서대
전라도	군산대, 세한대, 순천대, 전북대
경상도	경상대, 경일대, 대구가톨릭대, 대구대, 동양대, 영남대, 포항공과대

나의 미래 계획 다이어리

나를 알아보는 단계

미래 계획을 세우기 전에 나를 알아보는 것은 중요하다. 재능 있는 사람도 즐기는 사람을 당할 수 없다고 한다. 내가 가장 좋아하고 잘할 수 있는 일은 무엇일까? 자, 자신이 좋아하는 일들로 지면을 가득 채워보자!

보너스 문제

이것만은 절대 못 하겠다!

다른 건 어떻게 해보겠는데, 정말 하기 싫은 것이 있을 것이다.
눈치 보지 말고, 마음껏 적어보자!

본격적인 계획 단계- 목표 설정

나에 대해 알아보았으니 이제 본격적으로 자신만의 맞춤 계획을 세워보자. 먼저 자신이 무엇을 하고 싶은지 적어보자. 목표가 확실하지 않으면 계획을 진행하기 어렵기 때문에 신중히 생각해야 한다.

부자가 되는 것도 좋지만, 실현 가능한 목표를 세우는 것이 중요해. 그러기 위해서는 좀 더 구체적으로 생각하는 게 좋겠지?

나는 부자가 될 거야!

실행 단계

목표를 정했으니 이제 거침없이 계획을 진행해 보자. 자신이 세운 목표를 이루기 위해서는 어떤 일들을 해야 하는지 적어보자.

나의 목표 - 방학 동안 체중 5kg 감량

계획
저녁은 오후 7시 이전에 먹는다. → 저녁은 안 먹지만 야식은 먹는다.
일주일에 3번 이상 줄넘기를 한다. → 일주일에 3번 이상 줄만 간신히 넘는다.
군것질를 줄인다. → 군것질은 줄었지만 외식이 늘었다.

단, 계획이 잘 실행되고 있는지 수시로 체크하는 것이 중요하다!

10년 후 나의 모습

이렇게 계획을 세우는 것만으로도 마음이 든든하다. 이 든든한 마음을 가지고
10년 후 자신의 모습을 생각해 보자!

파티시에가 되어서 사람들에게
꿈과 희망도 같이 나눠주고 있을 것 같아!
상상만으로 빵 냄새가 솔솔 나는 것 같아.

와~ 그럼,
나 빵밀이
주어야 돼!
공짜로~

이익모 교수님은....

현재 인하대학교 화학과에서 학생들을 가르치고 있다. 전공은 무기화학(유기금속화학)으로 우리 주위에서 흔히 볼 수 있는 플라스틱 물질을 만드는 데 필요한 촉매개발과 공해를 줄이기 위해 생분해성 플라스틱을 만들기 위한 촉매개발 그리고 현대 문명을 이끌어가는 전자재료의 기능 향상을 위한 연구를 하고 있다.

중고등학생들을 위한 화학 교육, 특히 영재교육과정과 흥미로운 실험 내용 개발에도 많은 관심을 갖고 있으며 현재 '인하 Chemi Camp'와 영재센터 화학 강좌에도 참여하고 있다.

나의 미래 공부 03

MAP
OF MT 화학
TEENS

초판 1쇄 펴낸날 2008년 5월 20일
초판 6쇄 펴낸날 2021년 2월 5일

저자 이익모
펴낸이 서경석
책임편집 정재은 **편집팀** 김연희 **디자인** All Design Group **일러스트** 문수민
마케팅 서기원 **관리** 서지혜, 이문영
펴낸곳 청어람장서가 **출판등록** 2009년 4월 8일(제 313-2009-68호)
주소 경기도 부천시 부일로 483번길 서경빌딩 3층 (우)14640
전화 032)656-4452 **팩스** 032)656-4453

정가 13,000원
ISBN 978-89-93912-72-2 44430
　　　978-89-93912-66-1(세트)